高等院校公共基础课系列教材

U0178035

多媒体技术与应用

王 鸣 主 编

冯 光 田振蒙 副主编

电子工业出版社
Publishing House of Electronics Industry
北京·BEIJING

内 容 简 介

本书是以培养多媒体技术人才为导向的大学计算机基础课程教育改革项目的阶段教材，依托 Adobe Photoshop 和 Adobe Flash 平台，由多年从事一线大学计算机（多媒体技术与应用）课程的主讲教师编写。本书共分为 4 个部分，主要内容包括 Photoshop 操作题教程、Flash 操作题教程、Photoshop 理论题解析、Flash 理论题解析，本书微信公众号（cuznewmedia）中有相关的操作视频及根据考核要求新增的案例，在本书中不再复述，请自行关注公众号查询最新教学视频。

本书内容组织合理，对知识取舍得当，叙述通俗易懂，并打破之前相关教材由浅入深、循序渐进的模式，解题过程描述都以面向零基础学员为主，力求各题可独立学习及操作。本书注重理论与实践的结合，旨在培养学生计算机多媒体软件的操作能力。

本书适合作为本科院校计算机公共课程的教学用书，也可作为专科及成人教育的培训教材和教学参考书。

图书在版编目（CIP）数据

多媒体技术与应用/王鸣主编. —北京：电子工业出版社，2021.2

ISBN 978-7-121-40586-0

Ⅰ. ①多… Ⅱ. ①王… Ⅲ. ①多媒体技术—高等学校—教材 Ⅳ. ①TP37

中国版本图书馆CIP数据核字（2021）第 029967 号

责任编辑：贺志洪
印　　刷：北京缤索印刷有限公司
装　　订：北京缤索印刷有限公司
出版发行：电子工业出版社
　　　　　北京市海淀区万寿路 173 信箱　邮编　100036
开　　本：787×1092　1/16　印张：18.5　字数：473.6 千字
版　　次：2021 年 2 月第 1 版
印　　次：2021 年 2 月第 1 次印刷
定　　价：92.00 元

凡所购买电子工业出版社图书有缺损问题，请向购买书店调换。若书店售缺，请与本社发行部联系，联系及邮购电话：（010）88254888，88258888。

质量投诉请发邮件至 zlts@phei.com.cn，盗版侵权举报请发邮件至 dbqq@phei.com.cn。

本书咨询联系方式：（010）88254609 或 hzh@phei.com.cn。

前　言

随着信息时代的高速发展，计算机早已不再是科研人员专用的实验工具，而是人们学习、工作、生活和娱乐的重要组成部分。计算机信息技术在经济社会中的地位愈发重要。为响应浙江省及杭州市两级政府提出的大力发展动漫产业计划，浙江省高校计算机等级考试办公室在计算机等级考试（二级）中增加了动漫设计方向的测试，并于 2012 年发布了二级动漫设计考试大纲，提出需要掌握数字媒体的相关基础知识、掌握动漫设计艺术的相关基础知识、掌握动画的相关基础知识及掌握动漫作品的基本制作技术，并在考试环境中以 Photoshop、Flash、3ds Max、Maya 四大软件中任选两种作为测试的相关工具。本书即以其中的 Photoshop、Flash 为工具，引导院校的相关专业学生学习与掌握多媒体平面设计及二维动画制作的相关技术。

本书共分为两大部分，包括了操作案例详解及理论案例详解：操作案例由 19 个 Photoshop 案例和 13 个 Flash 案例组成；理论习题由 35 题 Flash 及 34 题 Photoshop 组成。

本书主要特色如下：

● 操作实践部分以案例形式展开对多媒体软件 Photoshop 及 Flash 操作知识点的归纳与总结；广泛而深入地剖析和演示计算机动漫设计的应用操作过程与实现方法。

● 理论部分简练概括地展开对多媒体基础知识及软件 Photoshop 及 Flash 的讲解和介绍；着力将操作能力的培养摆在主导位置。

● 注重动漫设计相关多媒体基础知识与综合应用的结合，以综合应用为主导，让学生在学习过程中清楚了解 Photoshop 平面设计及 Flash 平面动画如何解决综合性问题。

本书由王鸣担任主编，负责总体策划和制定编写大纲，并负责操作案例 Photoshop 和 Flash 的所有章节及微信公众号中的视频教学制作；由冯光担任副主编，负责理论案例 Photoshop 和 Flash 的所有章节，田振蒙负责全书的校对工作。同时参与本书编写工作的还有翁慧芬、陈雪娇、杨钥、王凌童等，在此衷心感谢所有成员的团队合作和辛苦付出。本书的编著以浙江计算机等级考试二级动漫设计方向的部分操作题及理论题为基础，在此特别感谢浙江省高校计算机等级考试办公室。感谢浙江传媒学院在第 15 批教学改革研究项目中批准了《基于传媒特色的大学计算机公共基础课改革研究》。

本书时间仓促，限于编者水平，加之计算机技术的迅猛发展，书中的疏漏与不妥之处在所难免，恳请读者批评指正，不胜感激。作者邮箱：20010078@cuz.edu.cn。

编　者

2020 年 12 月

目　　录

第 1 章　多媒体技术基础

1.1　媒体与多媒体

媒体（Media），是承载和传播信息的载体。在计算机领域中，媒体的概念具有两层含义：一是指表示信息的逻辑载体，如文本、图形、图像、声音、动画、影视等。另一层含义是指用以存储上述信息的实际载体，例如磁带、磁盘、光盘、各种移动存储卡等。

在信息技术领域，多媒体是指文本、图形、图像、声音、动画、视频等多种媒体信息的组合使用。

1.2　多媒体技术概述

计算机多媒体技术是 20 世纪 80 年代发展起来的一种新技术，是将文本、图形、图像、动画、声音、视频等信息通过计算机处理，形成人机交互作用的技术。多媒体技术的发展同时也改变了计算机的使用领域，由仅仅限于专业办公领域扩展到各行各业，以及家庭生活和大众娱乐等的方方面面，很大程度上改善了我们的学习和生活。随着计算机技术、网络通信技术、电子信息技术等技术的快速发展，多媒体技术的应用和发展也面临着更大的机遇。

多媒体技术具有以下特点：

（1）集成性。多媒体技术的集成性包括多媒体信息的集成性和多媒体设备的集成性。多媒体信息的集成性指的是文本、声音、图像、视频等信息不孤立存在，而是有着紧密的联系。多媒体设备的集成性是指计算机和电视、音响、录音机等相互连接应用，能更好地发挥多种媒体的综合效果。

（2）交互性。在多媒体交互性方面，用户成为主导者的角色，可以根据自己的需求操作多媒体系统，从而实现人机对话。交互性是多媒体技术的主要特征，在现实中的应用越来越广泛。在许多办事大厅，都有触摸式计算机屏幕，用户可根据屏幕界面的提示来进行操作，可翻页，可暂停，可单击播放动画。一切均可自助操作，很大程度上节约了人力成本。

（3）多样性。多样性不仅仅指文本、图像、动画等媒体信息的多样性，也包括媒体信息的传递方式及彼此之间的关联。比如视频会议中，声音和图像就必须同步传递。多种媒体之间不是独立的也不是简单的堆积，而是在时间、空间上存在着紧密的联系。

1.3　多媒体关键技术

多媒体技术已经成为当今计算机行业关注的热点之一。多媒体技术研究的主要内容和关键技术有如下几个方面。

1. 多媒体数据压缩技术

随着软硬件技术的发展，多媒体技术也向着高分辨率、高速度和高维度的方向发展，由于涉及大量数字化的图像、音频和视频等，数据量是非常大的。所以，对多媒体信息进行压缩是非常有必要的。根据解码后数据与原始数据是否完全一致进行分类，压缩方法可分为无损压缩和有损压缩两大类。

2. 多媒体的采集与存储技术

图像的采集有扫描仪扫描、数码相机拍摄等多种方式。音频素材可通过声卡、音频编辑软件、MIDI 输入设备等方式采集。视频素材可通过录像机、电视机等模拟设备采集，再通过视频采集卡转换为数字信号；也可通过数字摄像机等数字设备采集。

多媒体数据的存储从早期的光盘存储器发展到当前比较普及的各种存储卡，以及正逐渐流行的云存储，如百度云盘、坚果云等。

3. 多媒体信息检索技术

由于多媒体数据库中包含大量的图像、声音、视频等非格式化数据，对它们的查询或检索比较复杂，基于内容的检索就是针对多媒体信息检索使用的一种重要技术。

实现基于内容的检索系统主要有两种途径：一种是传统的数据库检索方法，它是基于关键词的文本检索，实际检索的对象是文本。另一种是采用特征抽取和模式识别的方法。这两种途径经常会结合起来使用。

4. 多媒体网络与通信技术

随着计算机网络技术的发展，同时人们对于图、文、声、像等多媒体信息的需求也在增加，由此产生了多媒体网络通信技术。

通信系统是信息传递与交换的重要途径。而多媒体技术的应用，使得信息的传递呈现多样化，包括文字、动画、视频、音频等，比如可视电话、视频会议等，这是通信与多媒体技术的结合，使信息的传递具有快速性、实时性、全面性。

5. 虚拟现实技术

虚拟现实技术是一种新型的、综合性的技术，涉及仿真技术、计算机图形学、多媒体技术、传感器技术、人工智能等多种技术。虚拟现实的本质是，人与计算机之间，或者人与人之间借助计算机进行交流的一种方式，是多媒体技术发展的更高境界。

1.4　多媒体图像基础

1.4.1　矢量图形与位图图像

计算机图片主要分为两种类型：矢量图形与位图图像。在实际应用中，两者往往会结合使用，相互配合，达到最佳表现效果。

1. 矢量图形

矢量图形又称为几何图形或矢量图，就是利用矢量描述的图。图中各元素的形状、大小都是借助数学公式表示的。矢量图形与分辨率无关，缩放多少倍都不会影响画质。能够生成矢量图的常用软件有 CorelDraw、Illustrator、Flash 等。

2. 位图图像

位图图像又称为点阵图，它是指在空间和亮度上已经离散化的图像。像素是构成位图图像的基本单位，位图图像中所包含的像素越多，其分辨率越高，画面内容表现得越细腻。每个像素都被分配一个特定的位置和颜色值，像素的颜色等级越多则图像越逼真。位图图像缩放时将造成画面的模糊与变形。数码相机、扫描仪及 Photoshop、Windows 的绘图程序等都可以产生位图。

3. 矢量图形与位图图像的比较

一般情况下，矢量图形所占用的存储空间较小，而位图图像则较大。矢量图形侧重于绘制、创造和艺术性，而位图图像则偏重于获取、复制和技巧性。

1.4.2　分辨率

分辨率是影响图像质量的重要参数，可以分为显示分辨率、图像分辨率和位分辨率等。

1. 显示分辨率

显示分辨率指显示器每单位长度上能够显示的像素点数，由水平方向上的像素总数和垂直方向上的像素总数构成。显示分辨率与显示器的硬件条件有关，在同样大小的显示器屏幕上，显示分辨率越高，显示图像越精细，越清晰，但是文字也越小。

2. 图像分辨率

图像分辨率是指数字图像的实际尺寸。图像分辨率的高低反映的是图像中存储信息的多少，分辨率越高，像素就越多，图像质量就越好，所需要的存储空间也就越大。

3. 位分辨率

位分辨率又称色彩深度或位深度，是指计算机采用多少个二进制位表示像素点的颜色值。位分辨率越高，能够表示的颜色种类越多，图像色彩越丰富。

1.4.3　常用的图形图像文件格式

一般来说，不同的图像压缩编码方式决定数字图像的不同文件格式。大多数图像软件都可以支持多种格式的图像文件，以适应不同的应用环境。

● BMP（Bitmap）格式：是 Windows 系统的标准图像文件格式，应用较为广泛。BMP格式采用无损压缩或不压缩的方式，包含的图像信息比较丰富，但同时文件存储容量较大。

● GIF 格式：是无损压缩格式，分静态和动态两种，是当前广泛使用的位图图像格式之一，主要是用来交换图片的。它特别适合于动画制作、网页制作及演示文稿制作等方面。

● JPEG（JPG）格式：是目前广泛使用的位图图像格式之一，它用有损压缩方式去除冗余的图像和色彩数据，压缩率较高，文件容量小，但同时能得到较好的图像质量。它适合保存色彩丰富、内容细腻的图像，比如风景照、人物照等。

● PNG 格式：是专门针对网络使用而开发的一种无损压缩格式。PNG 用来存储彩色图像时，其颜色深度可达 48 位，存储灰度图像时可达 16 位，并且还可以存储多达 16 位的Alpha 通道数据。

● TIFF 格式：主要用于在应用程序之间和不同计算机平台之间交换文件。大多数的绘图软件、图像编辑软件都支持 TIFF 格式。TIFF 格式支持 RGB、CMYK、Lab、位图、索引和灰度等多种颜色模式。

● PSD 格式：是 Photoshop 的专用文件格式，PSD 格式的存取速度比其他格式都快，功能也很强大。它可以包含各种图层、蒙版、通道、路径和颜色模式等图像信息，是一种非压缩的文件格式，还可以保留几乎所有的原始文件信息，所以容量也较大。

1.5　多媒体动画基础

1.5.1　动画概述

动画的本质是运动，是一种通过连续的静态画面来显示运动和变化的技术。这些静态的画面称为动画的帧。当这些帧按顺序以一定的速度播放时，由于眼睛的视觉滞留作用的存在，形成了连贯的动画效果。

过去流行的传统动画是人工绘制的，一个小时的动画片往往需要绘制几万张的图片，其制作效率低，成本也高。计算机动画是在传统动画的基础上加入了计算机图形技术而迅速发展起来的新技术。在计算机动画中，比较关键的画面仍要人工绘制，关键画面之间的大量过渡画面由计算机自动计算完成。这样就大大节省了人力和时间，使动画的创作变得方便许多。

1.5.2　动画分类

根据动画的制作原理，可以将计算机动画分为两类：二维动画和三维动画。根据常用动画软件中用到的方法和技术，可以将动画分为逐帧动画和补间动画两种

● 逐帧动画：动画的每个帧画面都独立完成，这些帧称为关键帧。计算机逐帧动画与传统动画的原理基本上是相同的。

● 补间动画：在制作过程中，只需要完成动画过程中起始和结束的两个关键帧画面即可，中间的过渡画面由计算机自动生成。

1.5.3　常用的动画制作软件

动画软件主要包括二维动画软件和三维动画软件。

● 二维动画软件。二维动画软件不仅具有一般的绘画功能，还具有输入关键帧、生成中间画、编辑和记录等功能。这类软件一般都需要用户从头至尾在计算机屏幕上制作全流程的二维动画片。这类动画软件有 Gif Animator、Flash 等。

● 三维动画软件。三维动画软件一般包括实物造型、运动控制、材料编辑、画面着色等一系列过程，使人物角色、实物、景物产生逼真的视觉效果。这类动画软件有 3ds Max、Maya 等。

1.6　本书章节介绍及软件版本

本书共分为五个章节。第 1 章为多媒体技术基础；第 2 章主要讲解 Photoshop 案例；第 3 章主要讲解 Flash 案例；第 4 章节主要讲解 Photoshop 习题及解析；第 5 章节主要讲解 Flash 习题及解析。

本书所介绍内容基于 Adobe Photoshop CS5 和 Adobe Flash Professional CS5 版本。

第 2 章　Adobe Photoshop CS5 的使用

2.1　Photoshop CS5 的主要功能介绍

Photoshop CS5 的主要功能有以下几点。

1. 选择和绘图功能

Photoshop 提供了强大的对图像处理的工具，包括选择工具、绘图工具和辅助工具等。选择工具可以选取一个或多个不同尺寸、不同形状的选择范围。利用绘图工具可以绘制各种图形，还可以通过不同的笔刷形状和大小来创建不同的效果。

2. 颜色模式与色彩调整

颜色模式是 Photoshop 组织和管理图像颜色信息的方式。色彩模式包括 RGB 模式、CMYK 模式、HSB 模式、Lab 颜色模式、位图模式、灰度模式、索引颜色模式、双色调模式和多通道模式。Photoshop 还可以对图像的色调和色彩进行调整，使图像的色相、饱和度、亮度、对比度的调整简单快捷。

3. 图层和蒙版功能

Photoshop 具有多图层工作方式，可以进行图层的复制、移动、删除、翻转、合并和合成等操作，还可以通过图层混合模式来产生更多的图像效果。蒙版在实际使用中可以做出渐隐、倒影、保护原图层、抠图、图层间的融合与过渡的效果。

4. 滤镜功能

用户可以利用 Photoshop 提供的滤镜来实现各种特殊效果。另外，还可以使用其他很多与之配套的外挂滤镜。

5. 通道和路径

通道主要是用来存储颜色信息和选区的。通道可以把组成图片的几种颜色分成几个层，可以单独对其中一个颜色层进行操作。路径可以转换为选区，可以方便创建一些形状。

2.2　案例 1：京剧脸谱

示例效果图如图 2.2-1 所示。

【操作要点】

1. 打开 Photoshop CS5，选择菜单中的"文件"→"打开"命令，同时打开素材图片 source.psd、mask.jpg，如图 2.2-2 所示。

图 2.2-1　示例效果图

图 2.2-2　打开素材图

2. 选择 source.psd 文件，将背景图层上面的图层命名为"树干"。用工具栏中的"魔棒工具"🔍选取图片中树干部分亮色区域，如图 2.2-3 所示。选择菜单"选择"→"选取相似"命令，效果如图 2.2-4 所示。

图 2.2-3　选取树干亮色部分

图 2.2-4　选区效果图

3. 选择 mask.jpg 图片所在的文档，再选择工具栏中的"魔棒工具"🔍单击白色背景部分，选择菜单"选择"→"反向"命令，选中脸谱，如图 2.2-5 所示，按 Ctrl+C 组合键，将选区内容复制到剪贴板。

4. 回到 source.psd 图片所在文档。选择菜单"编辑"→"选择性粘贴"→"贴入"命令，产生新图层并命名为"mask"，效果如图 2.2-6 所示。

5. 单击"图层"面板上方的叠加方式，修改叠加方式，建议修改为"叠加"，如图 2.2-7 所示。

图 2.2-5　选区效果图

图 2.2-6　粘贴效果图

图 2.2-7　修改叠加方式

6. 单击"图层"面板下方的"调节层"按钮，打开"曲线"，拖动曲线增加脸谱色彩的饱和度，如图 2.2-8 所示，调整后的效果如图 2.2-9 所示。

图 2.2-8　调整曲线

图 2.2-9　修改曲线效果图

7. 选择菜单"图像"→"图像大小"命令，调整图片的尺寸及分辨率，建议分辨率为 72，查看预览文件大小小于 2MB 即可。

8. 选择"文件"→"存储为"命令，保存文件为 photoshop.psd，如图 2.2-10 所示。

图 2.2-10　存储图片

2.3　案例 2：COOKING

示例效果图如图 2.3-1 所示。

【操作要点】

1. 打开 Photoshop CS5，选择菜单"文件"→"打开"命令，打开源文件 photoshop.psd，直接操作，如图 2.3-2 所示。

图 2.3-1　示例效果图

图 2.3-2　打开文件

2. 使用工具栏中的"横排文字工具",输入大写文字"COOKING",选择字体为能满足素材中叉子、锅柄与字母产生的遮挡效果较好的粗体字,如 Berlin Sans FB Demi,建议设置文字大小为 40 点,若选择字体不同也可使用"切换字符和段落"面板调整字体、文字大小、文字间距等。调节文字位置,如图 2.3-3 所示。

图 2.3-3　字体与大小调节完成示意

3. 在"图层"面板中选择"文字"图层,并使用"文字工具"选择文字"COOKING",设置文字颜色为橙色,建议参数为#ec6f1f,如图 2.3-4 所示。

图 2.3-4　文字颜色调节完成示意

4. 在"图层"面板中选择"COOKING"图层,右击,在弹出的快捷菜单中选择"混合选项"命令,打开"图层样式"对话框。在"样式"栏中选中"描边"选项,完成文字描边效果,如图 2.3-5、图 2.3-6 所示。

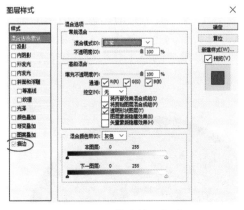

图 2.3-5　描边效果勾选

图 2.3-6　文字描边完成示意

5. 选择工具栏中的"缩放工具"（放大镜 🔍 ），将图片放大至看清像素格为止，方便精准涂抹，如图 2.3-7 所示。

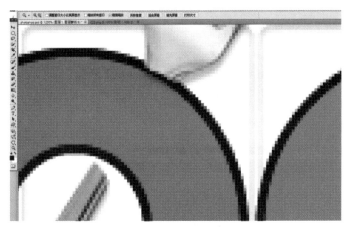

图 2.3-7　放大后的像素格

6. 选择图层 1（即平底锅所在图层）的蒙版，如图 2.3-8 红圈所示位置。

7. 选择工具栏中的"画笔工具"，如图 2.3-9 所示，前景色为黑色时画笔涂抹的区域会被暂时隐藏，前景色为白色时画笔涂抹区域会将所擦除部分重新显示（蒙版工具通过黑色与白色的切换，用画笔工具的涂抹达到所需要部分消失与显示的目的，其中，黑色画笔在蒙版上涂抹的区域将会被暂时隐藏，反之白色画笔在蒙版上涂抹的区域将会被显示，结合画笔的大小及半透明设置可以做出各种显示效果）。

图 2.3-8　蒙版选择

图 2.3-9　前景色与背景色的切换

8. 切换前景色和背景色，用"画笔工具"在蒙版上涂抹出想要的部分和清除的部分，直到和文字字母 O 的内径边缘与锅柄像素块的圆弧部分契合为止，如图 2.3-10 所示。

9. 同理选择"图层 2"的蒙版，即叉子图层的蒙版，用"画笔工具"进行涂抹，步骤可参考上述方法，叉子穿过字母 O 的效果，如图 2.3-11 所示。

图 2.3-10　锅柄和文字边缘契合

图 2.3-11　叉子与文字边缘契合

10. 再次选择工具栏中的"缩放工具"（即放大镜工具🔍），单击"适合屏幕"按钮将大小调整为正常，如图 2.3-12 所示，调整后的效果如图 2.3-13 所示

图 2.3-12　适合屏幕

图 2.3-13　适合屏幕完成操作示意

11. 选择菜单"图像"→"图像大小"命令，调整图片的尺寸及分辨率，建议分辨率为72，查看预览文件大小小于 2MB 即可。

12. 选择菜单"文件"→"储存为"命令，"文件名"设为 photoshop，"格式"设为"Photoshop"后单击"保存"按钮，完成操作，如图 2.3-14 所示。

图 2.3-14　存储为 PSD 格式文件

2.4　案例 3：餐具

示例效果图如图 2.4-1 所示。

【操作要点】

1. 打开 Photoshop CS5，选择菜单中的"文件"→"打开"命令，打开素材图 photoshop.psd，直接操作，如图 2.4-2 所示。

图 2.4-1　示例效果图

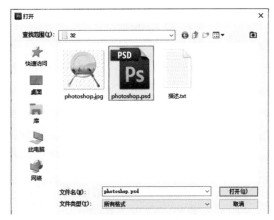

图 2.4-2　打开素材图

2. 单击图层 1 左边的眼睛图标将该图层暂时隐藏，即将盘子上的山水画暂时隐藏，使用左侧工具栏中的"缩放工具" ，将图像放大至能清晰看清叉子勺子边缘为止，如图 2.4-3、图 2.4-4 所示。

图 2.4-3　单击眼睛隐藏

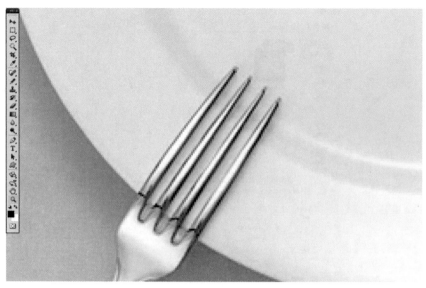

图 2.4-4　缩放工具及放大画面

3. 使用工具栏中的"钢笔工具"，逐个单击叉子锯齿部分的最低点和最高点，完成后单击初始点，使所画区域封闭。再切换为"转换点工具"，单击一个锚点，所有锚点将会显现，点住一个锚点向外拉，将会出现两条辅助线用来调整曲线的曲率，根据叉子边缘的形状自行调整曲线曲率，使线与叉子契合，如图 2.4-5～图 2.4-7 所示。

图 2.4-5　封闭的区域

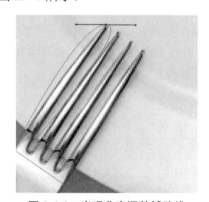

图 2.4-6　出现曲率调整辅助线

4. "路径"打开面板，在工作路径处右击，在弹出的快捷菜单中选择"建立选区"命令，刚才所调整部分成为选区，单击图层 1 前的眼睛图标，山水画显示，单击图层 1 的蒙版，使用"画笔工具"，将前景色转换为黑色，在刚才形成的选区部分涂抹，露出完整的叉子。完成后选择"选择"→"取消选择"命令，如图 2.4-8～图 2.4-10 所示。

注：蒙版的使用是通过黑色与白色前景色的切换，用画笔工具的涂抹实现区域的消除和显示的过程，黑色涂抹表示擦除，白色则显示。

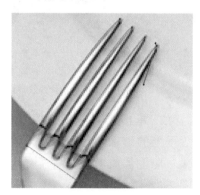

图 2.4-7　线与边缘契合

图 2.4-8　路径处建立选区

图 2.4-9　单击蒙版

图 2.4-10　通过蒙版的擦拭
使叉子完整显示

5. 再次单击图层前的眼睛图标，将山水画即"图层 1"隐藏，使用"多边形套索工具"或"钢笔工具"将刀的边缘整齐抠出来，使用"多边形套索工具"时，沿着边缘不断单击便会形成多边形的不规则边，因此点得越多轮廓越契合，最后点回起点形成封闭图形，如图 2.4-11 所示。

6. 单击图层 1 前的眼睛图标，让图层 1 显示，然后单击图层 1 的蒙版，前景色切换为黑色，使用"画笔"工具涂抹，步骤同 4，完成后选择"选择"→"取消选择"命令，如图 2.4-12、图 2.4-13 所示。

图 2.4-11　通过多边形套索工具建立选区

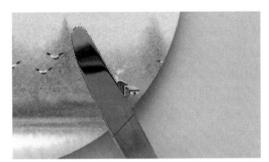

图 2.4-12　通过蒙版擦拭后显示的刀

图 2.4-13　叉子与刀完成

7. 单击"背景"图层，使用"魔棒工具"将容差值调整为 32，再将蓝色背景选中后删除，或选择"编辑"→"清除"命令也可以达到删除目的。此时不要取消选区，选择"文件"→"打开"命令，将示例图片打开，如图 2.4-14、图 2.4-15 所示。

8. 在新打开的示例图片文档处使用"矩形选框"工具，将背景花纹的基本重复单元框选，按住 Shift 键再拖动鼠标，框选区域可按照正方形缩放，如图 2.4-16 所示。

9. 选择"编辑"→"定义图案"命令，将框选区域存为自定图案，回到编辑的文档，新建图层，并命名为"底纹"，注意此时刚才用魔棒选择的选区不要取消选择。选择"底纹"图层，选择"编辑"→"填充"命令。在打开的"填充"对话框中，将"使用"设为"图案"，并选择刚才保存的图案，完成底纹的填充，如图 2.4-17 所示。

图 2.4-14　通过魔棒工具选择背景

图 2.4-15　打开示例图片

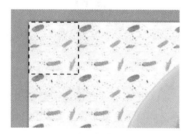

图 2.4-16　框选花纹重复单元

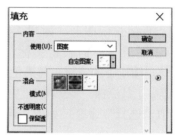

图 2.4-17　填充花纹

10. 使用"钢笔"工具为叉子在盘子外面的柄部分建立路径，步骤同4，新建图层，并命名为"影子"，在工作路径处右击，在弹出的快捷菜单中选择"建立选区"命令，形成可操作选区，或使用"多边形套索工具"，直接通过鼠标多次单击操作形成选区，注意此时"影子"图层应在"底纹"图层的上方。选择"背景"图层，同时按 Ctrl+C 组合键，再按 Ctrl+V 组合键，形成所选叉子部分的副本。将副本图层命名为"叉子影子"，在图层处右击，在弹出的快捷菜单中选择"混合选项"命令，在打开的"图层样式"对话框的"样式"栏中选中"投影"选项，然后根据需要调整阴影数值形成叉子影子，如图 2.4-18～图 2.4-20 所示。

11. 同理，做出刀的投影，并将该图层命名为"刀投影"，完成操作。分别选中两个影子图层，将不透明度降低，建议为 70%，如图 2.4-21 和图 2.4-22 所示。

图 2.4-18　选中外部叉子

图 2.4-19　混合选项

图 2.4-20　调整投影

图 2.4-21　不透明度降低

图 2.4-22　完成示意

12. 选择"文件"→"储存为"命令，将文件储存为 PSD 格式后保存退出，完成操作，如图 2.4-23 所示。

图 2.4-23　储存为 PSD 格式文件

2.5 案例 4: 大白熊

示例效果图如图 2.5-1 所示。

【操作要点】

1. 打开 Photoshop CS5，选择菜单中的"文件"→"打开"命令，打开素材图片"原图.jpg"，如图 2.5-2 所示。

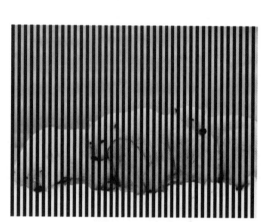

图 2.5-1　示例效果图　　　　　　　　　　图 2.5-2　打开素材原图

2. 创建背景图层副本。按住鼠标左键选择"背景"图层并向下拖动至"创建新图层"按钮处松开，操作如图 2.5-3 所示。

3. 在"背景副本"图层下新建图层"黑色背景"，如图 2.5-4 所示。

图 2.5-3　创建背景图层副本　　　　　　　图 2.5-4　新建"黑色背景"图层

4. 用工具栏中的"矩形选框工具"创建与"背景"图层所有内容相同大小的选区，如图 2.5-5 所示。

图 2.5-5　选区效果

5. 选择菜单"编辑"→"填充"命令，在打开的"填充"对话框中，"使用"设为"黑色"，取消"保留透明区域"的选中状态，操作如图 2.5-6 所示。

6. 在"背景副本"图层上创建白色蒙版，操作如图 2.5-7 所示。

图 2.5-6　将选区填充为黑色

图 2.5-7　创建白色蒙版

7. 单击"背景副本"图层上的蒙版，用"矩形选框工具"创建一个长方形矩形，效果如图 2.5-8 所示。

8. 选择菜单"编辑"→"填充"命令，在打开的对话框中"使用"设为"黑色"，效果如图 2.5-9 所示。

9. 同时按住 Ctrl+T 键，然后用键盘方向键将复制的黑框向右移动一小段距离，单击"进行变换"按钮或者回车键确认变换效果如图 2.5-10 所示。

图 2.5-8　创建新选区

图 2.5-9　填充为黑色效果图

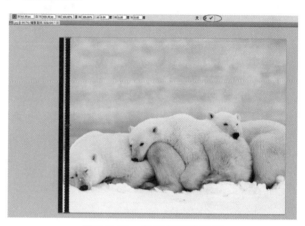

图 2.5-10　复制并移动黑框

10. 左手按住 Ctrl+Alt+Shift 键，右手反复单击 T 键，将会不断出现新复制的黑框，并且以相同间隔距离的方式向右填充到画布，直至填充满为止，如图 2.5-11 所示。

11. 选择菜单"文件"→"存储为"命令，保存文件为 photoshop.psd，如图 2.5-12 所示。

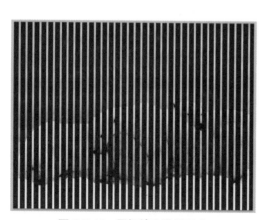

图 2.5-11　黑框填充满屏示意

图 2.5-12　存储为 photoshop.psd

2.6　案例 5：布达拉宫门票

示例效果图如图 2.6-1 所示。

图 2.6-1　效果图

【操作要点】

1. 打开 Photoshop CS5，选择菜单中的"文件"→"打开"命令，打开效果图 Photoshop.jpg，以此图片为参考基准图，方便之后的取色与位置调整等操作，如图 2.6-2 所示。

2. 打开 Photoshop.jpg 图片后，单击"图层"面板中的"新建图层"按钮，新建图层并重命名为"花边"，如图 2.6-3 所示。

图 2.6-2　打开效果图

图 2.6-3　新建"花边"图层

3. 在新窗口中打开"花边.jpg"图片，如图 2.6-4 所示。

4. 使用工具栏中的"缩放工具"将图片放大直到可以看到图形轮廓，可以发现该图片是一组重复出现的图案，用"矩形选框工具"选择完整的一段不重复图案，建立选区，如图 2.6-5 所示。

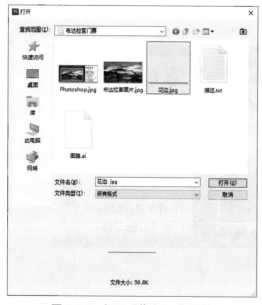

图 2.6-4　打开"花边.jpg"图片

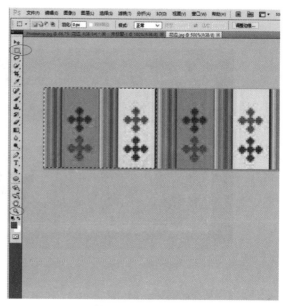

图 2.6-5　建立选区

5. 建立选区后，选择"编辑"→"定义图案"命令，将图案命名为"花边"，如图 2.6-6 所示。

图 2.6-6　定义图案

6. 返回原文档，用工具栏中的"矩形选框工具"在"花边"图层中新建与背景花边同样大小的选区，如图 2.6-7 所示。

图 2.6-7　建立花边选区

7. 选择菜单中的"编辑"→"填充"命令，打开"填充"对话框。在"内容"的下拉列表中选择"图案"→"自定图案：花边"，如图 2.6-8 所示。

8. 创建"花边"图层副本，如图 2.6-9 所示。

9. 单击"背景"图层的眼睛图标，将其关闭，将"背景"图层暂时隐藏，将"花边副本"图层上方的花边平移至底部，推荐使用键盘方向键移动，如图 2.6-10 所示。

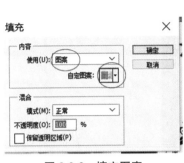

图 2.6-8　填充图案

图 2.6-9　创建副本

图 2.6-10　移动花边

10. 在"背景"图层的上方创建"背景颜色"图层，如图 2.6-11 所示。

11. 使用工具栏中的"吸管工具"，吸取"背景"图层左边的颜色，使得前景色获取到当前颜色，如图 2.6-12 所示。

图 2.6-11　创建"背景颜色"图层

图 2.6-12　吸取背景色

12. 选中"背景颜色"图层,用"矩形选框工具"选择蓝线左边所有内容,选区选到蓝线附近会自动贴合,选择菜单"编辑"→"填充"命令,在打开的"填充"对话框的"使用"下拉列表中选择"前景色",效果如图 2.6-13 所示。

图 2.6-13　填充效果

图 2.6-14　降低布达拉宫
图片不透明度示意

13. 同样,用"矩形选框工具"选择蓝线右侧所有内容,选择菜单"编辑"→"填充"命令,在打开的"填充"对话框的"使用"下拉列表中选择"白色"。

14. 导入文件夹中的"布达拉宫图片.jpg"文件,打开"背景"图层的眼睛图标,关闭"背景颜色"图层,隐藏该图层,暂时降低布达拉宫图片的不透明度,调整时可利用背景进行参照,如图 2.6-14 所示。

15. 同时按住 Ctrl+T 键,再按 Shift 键进行大小变换,与"背景"图层中的图片重合,效果如图 2.6-15 所示。

16. 在布达拉宫图片下创建新图层,并命名为"外框"。用"矩形选框工具"选取和"背景"图层中外框相似大小的选区,选择菜单"编辑"→"填充"命令,在打开的"填充"对话框的"使用"下拉列表中选择"白色"。打开"背景"图层,关闭"背景颜色"图层,作为参照,如图 2.6-16 所示。

图 2.6-15　自由变换效果

图 2.6-16　背景参照

17. 重新打开"背景颜色"图层，关闭"背景"图层，效果如图 2.6-17 所示。

图 2.6-17　外框效果

18. 使用工具栏中的"画笔工具"，设置"大小"为 13px，"硬度"为 100%，"颜色"为褐色，选择菜单"窗口"→"画笔预设"命令，将"间距"拉大为大约 141% 左右，如图 2.6-18 所示。

19. 左手按住 Shift 键，右手用鼠标在白框边缘画直线，直线所画圆点应该为一半在白框内，一半在白框外，效果如图 2.6-19 所示。

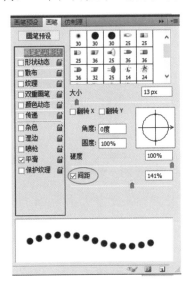

图 2.6-18　画笔预设拉大间距

图 2.6-19　邮票锯齿效果

20. 新建文档，其参数设置如图 2.6-20 所示。

21. 导入"图腾.ai"文件，用"吸管工具"吸取图腾背景颜色，即白色，选择菜单"选择"→"色彩范围"命令，在打开的"色彩范围"对话框中，设置"选择"为"取样颜色"，如图 2.6-21 所示。

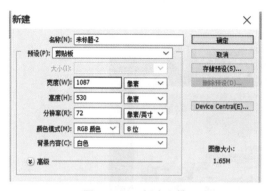

图 2.6-20　新建文档

图 2.6-21　色彩选取

22. 选择菜单"选择"→"反向"命令，用"移动工具"将选区拖到原文档中。可单击"背景"图层的眼睛图标，关闭"背景颜色"图层，作为参照，同时按 Ctrl+T 组合键，然后左手按住 Shift 键，右手以固定比例进行自由变换，效果如图 2.6-22 所示。

23. 用"吸管工具"吸取背景右侧中文字体颜色，选择工具栏中的"文字工具"，如图 2.6-23 所示。

图 2.6-22　图腾效果

图 2.6-23　文字工具

24. 在图片的右侧输入"布达拉宫"文字，设置字体为方正姚体，文字大小为 24 点，颜色为前景色，如图 2.6-24 所示。

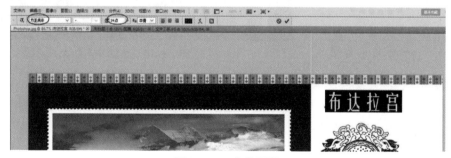

图 2.6-24　字体属性

25. 选择菜单"窗口"→"字符"命令，增大字符字距，约为 160，如图 2.6-25 所示。

26. 选择"布达拉宫文字"图层，右击，在弹出的快捷菜单中选择"混合属性"命令，在打开的"图层样式"对话框中勾选"投影"和"斜面和浮雕"，并且打开"斜面和浮雕"页面，"样式"改为"浮雕效果"，修改"深度"和"大小"属性值直到达到合适效果，如图 2.6-26 所示。

图 2.6-25　增大字符字距

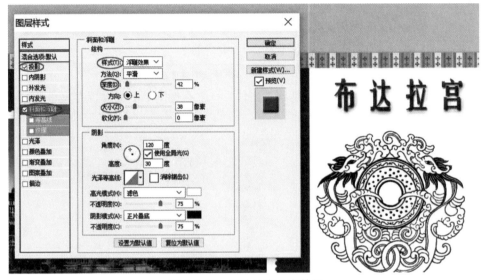

图 2.6-26　布达拉宫文字效果

27. 用"文字工具"在图片的右侧输入"¥100.00 元"文字，设置字体为方正姚体，字号为 18 点，颜色为前景色。选择"¥100.00 元文字"图层，右击，在弹出的快捷菜单中选择"混合属性"命令，勾选"投影"和"斜面和浮雕"，并且打开"斜面和浮雕"页面，设置"样式"改为"浮雕效果"，修改"深度"和"大小"属性值直到达到合适效果。

28. 单击工具栏中的"文字工具"。在图片的右侧输入"Potala Palace"，设置字体为方正姚体，字号为 18 点，颜色为前景色，选择"¥100.00 元文字"图层，右击，在弹出的快捷菜单中选择"混合属性"，勾选"投影"和"斜面和浮雕"，并且打开"斜面和浮雕"页面，设置"样式"改为"浮雕效果"，修改"深度"和"大小"属性值直到达到合适效果。

29. 用"吸管工具"吸取背景右侧数字字体颜色，单击工具栏中的"文字工具"，输入"存根 NO：00000001"字体，设置"存根"字体颜色为黑色，其余字体颜色为前景色，设置字体为新宋体，文字大小为 18 点，选择菜单"编辑"→"变换"命令，逆时针旋转 90 度，然后移至相应位置，如图 2.6-27 所示。

图 2.6-27　存根效果

30. 用"文字工具"在图片的左侧输入"布达拉宫 Potala Palace"文字，设置颜色为白色，文字大小为 18 点，效果如图 2.6-28 所示。

图 2.6-28　左侧字体效果

31. 单击所有图层的左侧的眼睛图标，图层页面如图 2.6-29 所示。

32. 完成所有效果的设置，选择菜单"文件"→"存储为"命令，保存文件为 Photoshop.psd，大小不超过 2MB，如图 2.6-30 所示。

图 2.6-29　图层页面

图 2.6-30　存储文件

2.7　案例 6：凤凰出版社

示例效果图如图 2.7-1 所示。

【操作要点】

1. 打开 Photoshop CS5，选择菜单"文件"→"打开"命令，打开效果图 photoshop.jpg，直接操作，如图 2.7-2 所示。

图 2.7-1　效果图

图 2.7-2　打开效果图

2. 新建图层，并命名为"背景色块"，在"示例背景"图层中用"吸管工具"吸取渐变所需前景色和背景色的不同程度的红色，使用工具栏中的"渐变工具"，默认方式为"线性渐变"，从上至下或从下至上拉出渐变，由于背景渐变中深色部分较少，在拉渐变之前单击左上角渐变色条的"点按可编辑渐变"可以部分调整渐变深浅比例，如图 2.7-3～图 2.7-5 所示。

图 2.7-3　点按可编辑渐变

图 2.7-4　渐变编辑器

图 2.7-5　渐变完成示意

3. 将素材"边"拖入，右击，在弹出的快捷菜单中选择"置入"命令，调整至最左边底部花边位置。新建"边"副本，将副本调整至与"边"相邻位置，再新建副本，再次调整连接边缘。选中三个图层，右击，在弹出的快捷菜单中选择"合并图层"命令将三个"边"图层合并，命名为"花边"，如图 2.7-6、图 2.7-7 所示。

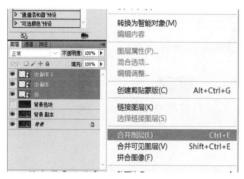

图 2.7-6　合并图层

图 2.7-7　花边与渐变完成示意

4. 选择菜单"文件"→"打开"命令，将凤凰图打开，使用"矩形选框工具"将图片整体框选，再使用"移动工具"，将框选图片拖入正在制作的文件图层中，将该图层命名为"右侧凤凰"。将"背景色块"图层隐藏，将"右侧凤凰"图层的不透明度调低以方便与背景图比对，同时按住 Ctrl+T 键出现边缘线，点住边缘点调整大小，调整位置，使之与背景右侧的凤凰图大致重合，完成后将不透明度拉回 100%，如图 2.7-8、图 2.7-9 所示。

图 2.7-8　调整不透明度

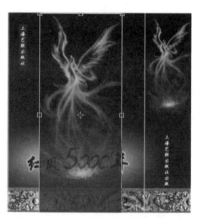

图 2.7-9　与背景凤凰大致重合

5. 单击"右侧凤凰"图层新建蒙版，再单击蒙版，选择"画笔工具"，通过切换前景色与背景色进行涂抹将多余的边缘擦掉。前景色为黑色的画笔涂抹为擦除操作，反之白色画笔则为还原操作，如图 2.7-10、图 2.7-11 所示。

图 2.7-10　新建蒙版

图 2.7-11　完成示意

6. 选择"右侧凤凰"图层，选择融合最好的效果，建议选择"变亮"，如图 2.7-12、图 2.7-13
所示。

图 2.7-12　变亮

图 2.7-13　完成示意

7. 新建"右侧凤凰"图层副本，并命名为"小凤凰 1"，隐藏"背景色块"图层，降低
不透明度，调整大小及位置，操作同步骤 4，单击"小凤凰 1"的蒙版，选择"画笔"工具
涂抹调整，操作同步骤 5。选择适合的混合效果，建议为"变亮"，效果如图 2.7-14 所示。

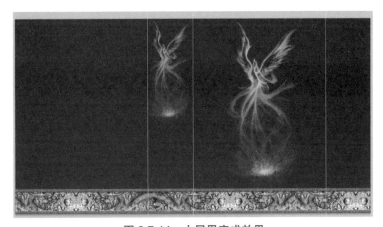

图 2.7-14　小凤凰完成效果

8. 新建两个"小凤凰"图层副本，分别命名为"小凤凰 2""小凤凰 3"，调整大小位
置，步骤同上，调整为最左边和最右边的凤凰，选择最左侧凤凰"小凤凰 2"图层，调整为
与"变亮"不同的效果，建议为"强光"并将不透明度调低，如图 2.7-15 所示。

9. 新建图层，并命名为"黄色圆圈"，吸取"背景"图层中的黄色圆圈中心的黄色作为
前景色，选择"黄色圆圈"图层，使用"椭圆选框工具"，将羽化调为 20px，隐藏"背景色
块"图层，比照背景图黄色区域画一个略小的椭圆，选择"编辑"→"填充"命令，填充为
前景色，完成后选择"选择"→"取消选择"命令，如图 2.7-16、图 2.7-17 所示。

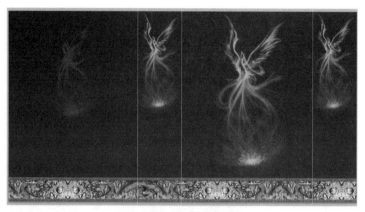

图 2.7-15　凤凰完成示意

图 2.7-16　画出椭圆

图 2.7-17　黄色区域完成示意

10. 使用"横排文字工具"输入"红风 5000 年"设置字体，建议字体为"华文中宋"，文字大小为 11 点，并将"5000"的"5"字调大，调低其透明度，方便与"背景"图层文字位置和大小对比，调整位置与大小后将透明度拉回 100%。单击"红风 5000 年"图层，右击，在弹出的快捷菜单选择"混合选项"命令，选择"斜面和浮雕""外发光"。同理，使用"直排文字工具"，输入"红风 5000 年"，与上述相同设置，并使用"自由变换"工具，位置与大小参考效果图，如图 2.7-18、图 2.7-19 所示。

图 2.7-18　混合选项

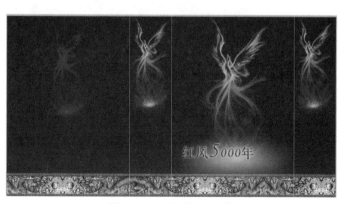

图 2.7-19　红风 5000 年

11. 使用"直排文字工具"，输入"上海艺联出版社出版"，设置字体颜色为白色，选择字体为 Adobe 黑体 Std，降低透明度，对比背景调整文字位置与大小，建议文字大小为 3 点，完成后创建"上海艺联出版社出版"副本，将副本用"移动"工具移动到小凤凰 1 的下面，调整位置，如图 2.7-20 所示。

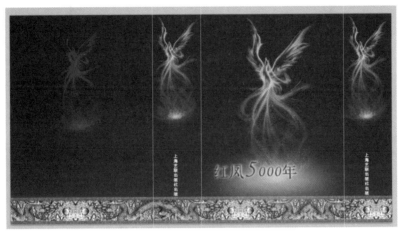

图 2.7-20　打出文字

12. 单击"背景"图层，使用"矩形选框工具"，将条形码区域框选，同时按 Ctrl+C 键，再按 Ctrl+V 键创立"条形码"图层，将该图层命名为"条形码"，将"条形码"图层拉到"背景色块"图层的上方。完成后选择"选择"→"取消选择"命令，如图 2.7-21 所示。

图 2.7-21　框选条形码

13. 将出版社矩形图标和出版社文字上方的黄色图标框选，新建"黄色图标""文字图标"图层。调整位置步骤同步骤 11，如图 2.7-22 所示。

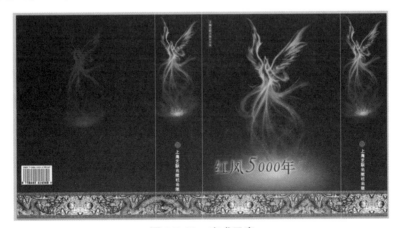

图 2.7-22　完成示意

14. 选择菜单"文件"→"储存为"命令，存为 PSD 格式文件后确认，完成操作，如图 2.7-23 所示。

图 2.7-23　储存为 PSD 格式文件

2.8　案例 7：红酒广告

示例效果图如图 2.8-1 所示。

【操作要点】

1. 打开 Photoshop CS5，选择菜单中的"文件"→"打开"命令，同时打开效果图 photoshop.jpg、背景.jpg、酒.jpg，如图 2.8-2 所示。同时以 photoshop.jpg 图片为参考基准图，方便之后的取色与位置调整等操作。

图 2.8-1　效果图

图 2.8-2　打开效果图

2. 单击"背景.jpg"图片所在图层，用工具栏中的"矩形选框工具"选取整个图案，如图 2.8-3 所示。

图 2.8-3　背景选区效果

3. 用工具栏中的"移动工具"将该选区拖进含有 photoshop.jpg 图片的文档中，如图 2.8-4 所示。

4. 移动后该文档中出现了新图层，将其命名为"底板"，如图 2.8-5 所示。

5. 创建新图层"黄边"，同时关闭"底板"图层，暂时隐藏该图层，如图 2.8-6 所示。

图 2.8-4　移动工具移动选区

图 2.8-5　新图层命名

图 2.8-6　新建图层

6. 用工具栏中的"放大镜工具"将背景放大，用"吸管工具"选取背景中的黄带颜色作为前景色，如图 2.8-7 所示。

7. 选择工具栏中的"钢笔工具"，沿着黄带在转折处添加锚点，最后单击第一个锚点，形成闭合路径，如图 2.8-8 所示。

图 2.8-7　吸取前景色

图 2.8-8　添加锚点

8. 单击"图层"面板上的"路径",如图 2.8-9 所示,右击"工作路径",在弹出的快捷菜单中选择"建立选区"命令。

9. 选择菜单"编辑"→"填充"命令,在打开的对话框中"内容"的"使用"选择为"前景色",填充成黄色,选择菜单"选择"→"取消选择"命令,如图 2.8-10 所示。

图 2.8-9　创建选区

图 2.8-10　填充黄带

10. 用"吸管工具"吸取背景中底部色块的颜色，在"底板"图层上新建"土黄色块"图层，如图 2.8-11 所示。

11. 用"钢笔工具"沿着背景中土黄色块添加锚点，锚点可以添加在土黄色块的范围外，创建偏大路径，如图 2.8-12 所示。

12. 单击"图层"面板上"路径"，右击"工作路径"，在弹出的快捷菜单中选择"建立选区"，创建不规则且范围大于土黄色块的选区，如图 2.8-13 所示。

13. 选择菜单"编辑"→"填充"命令，在打开的对话框的"使用"中选择"前景色"，填充成土黄色，选择菜单"选择"→"取消选择"命令，如图 2.8-14 所示。

图 2.8-11　创建图层

图 2.8-12　添加锚点

图 2.8-13　创建土黄色块选区

图 2.8-14　填充土黄色块

14. 关闭"土黄色块"图层，暂时隐藏该图层。用工具栏中的"文字工具"在相应区域输入"GRACEMAN"文字，设置文字大小为 24 点、颜色为白色，如图 2.8-15 所示。

15. 打开"底板"图层和"土黄色块"图层，取消隐藏。选择"土黄色块"图层，单击工具栏中的"铅笔工具"，设置画笔属性大小为 2px，颜色为白色，如图 2.8-16 所示。

图 2.8-15　文字输入　　　　　　　　　　　　　图 2.8-16　设置铅笔属性

16. 按住 Shift 键，再用鼠标左键在"GRACEMAN"下画白色横线，效果如图 2.8-17 所示。

图 2.8-17　白色横线效果

17. 打开"酒.jpg"图片所在文档，使用"魔棒工具"单击图片，右击，在弹出的快捷菜单中选择"选择反向"命令，用"移动工具"将选区拖至 photoshop.jpg 图片所在文档，如图 2.8-18 所示。

图 2.8-18　"魔棒工具"选取红酒瓶

18. 将新图层命名为"红酒"。关闭"底板"图层，参照背景移动红酒瓶至合适位置，如图 2.8-19 所示。

19. 右击"红酒"图层，在弹出的快捷菜单中选择"混合属性"命令，选择"外发光"，修改"大小"属性为"20"像素，如图 2.8-20 所示。

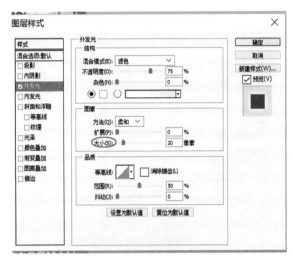

图 2.8-19　图层命名　　　　　　　　图 2.8-20　修改混合属性

20. 新建文档，在该文档上创建新图层并命名为"圆形"，选择"椭圆选框工具"，设置羽化值为 10px，按住 Shift 键，再用鼠标左键创建一个圆形选区，如图 2.8-21 所示。

图 2.8-21　创建圆形选区

21. 选择菜单"编辑"→"填充"命令，在打开的对话框的"使用"中选择"黑色"，如图 2.8-22 所示。选择菜单"选择"→"取消选择"命令。

22. 新建图层，并命名为"星星角"，如图 2.8-23 所示。

23. 选择工具栏中的"钢笔工具"画一个等腰三角形，如图 2.8-24 所示。

图 2.8-22　填充圆形选区

图 2.8-23　新建图层

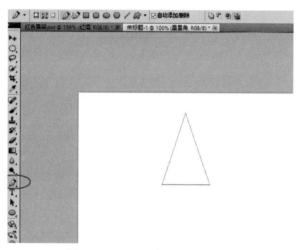

图 2.8-24　创建等腰三角形路径

24. 利用"钢笔工具"中的"转换点工具"，调整调节杆，将三角形两腰转为曲线，如图 2.8-25 所示。

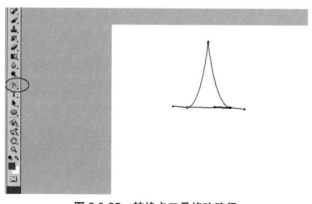

图 2.8-25　转换点工具修改路径

25. 单击"图层"面板上的"路径"，右击"工作路径"，在弹出的快捷菜单中选择"建立选区"，如图 2.8-26 所示。

26. 选择菜单"编辑"→"填充"命令，在打开的对话框中设置"使用"为"黑色"，再选择菜单"选择"→"取消选择"命令，如图 2.8-27 所示。

图 2.8-26　创建选区

图 2.8-27　填充选区

27. 同时按住 Ctrl+Alt+T 组合键，复制该图案，选择菜单"编辑"→"变换"→"垂直变换"命令，再用键盘方向键移动图案，效果如图 2.8-28 所示。

28. 按住 Shift，再用鼠标选择"星星角"图层和"星星角副本"图层，右击，在弹出的快捷菜单中选择"合并图层"命令，如图 2.8-29 所示。

29. 同时按住 Ctrl+Alt+T+Shift 组合键，复制图层，选择菜单"编辑"→"变换"命令，将图层旋转 90 度。按住 Shift 键，再用鼠标选择两个图层，右击，在弹出的快捷菜单中选择"合并图层"命令，如图 2.8-30 所示。

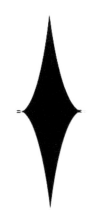

图 2.8-28　复制并移动图案

图 2.8-29　合并图层

图 2.8-30　变换图案

30. 用"移动工具"使"星星角"与"圆形"重合，按住 Shift 键，再用鼠标选择"星星角"图层和"圆形"图层，右击，在弹出的快捷菜单中选择"合并图层"命令，如图 2.8-31 所示。

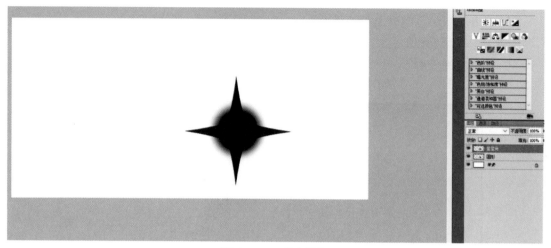

图 2.8-31　重合效果

31. 选择菜单"选择"→"载入选区"命令，再选择菜单"编辑"→"定义画笔预设"命令，设置"名称"为"小星星"，如图 2.8-32 所示。

图 2.8-32　定义画笔预设

32. 返回原文档，新建"小星星"图层，如图 2.8-33 所示。

33. 选中"画笔工具"，选择菜单"窗口"→"画笔"命令，勾选"形状动态""散布""平滑"，设置"角度抖动"为 10% 左右，勾选"散布"下"两轴"选项，同时修改间距，如图 2.8-34 所示。

图 2.8-33　新建图层

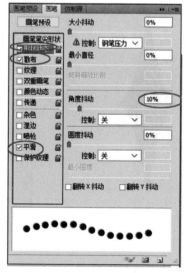

图 2.8-34 修改画笔属性

34. 选择之前定义的画笔，设置画笔颜色为白色，如图 2.8-35 所示。

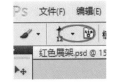

35. 用大小不同的画笔在相应位置画星星，效果如图 2.8-36 所示。

36. 新建图层"渐变色块"，关闭除背景图层外的其他图层，方便参照，如图 2.8-37 所示。

图 2.8-35　选择画笔图案

图 2.8-36　星星效果

图 2.8-37　新建图层

37. 用"钢笔工具"添加锚点，再用"转换点工具"拖拉调节杆，选择符合渐变色带大小的路径，如图 2.8-38 所示。

图 2.8-38　转换点工具贴合渐变色带

38. 单击"图层"面板上的"路径"，右击"工作路径"，在弹出的快捷菜单中选择"建立选区"命令，用"吸管工具"分别吸取渐变色带上两个不同颜色，如图 2.8-39 所示。

39. 选择"渐变工具"中的线性渐变，单击渐变编辑器，增加浅蓝色的范围，选择菜单"选择"→"取消选择"命令，如图 2.8-40、图 2.8-41 所示。

图 2.8-39　吸管工具

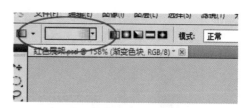

图 2.8-40　渐变编辑器

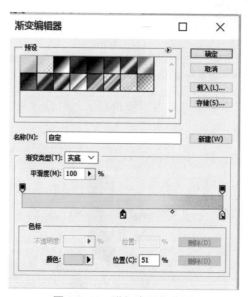

图 2.8-41　增加浅绿色范围

40. 用"文字工具"输入"感受生活，喝葛斯那干红"，设置字体大小为 18 点，颜色为蓝色，并修改混合属性，勾选"描边"，设置"颜色"为白色，"大小"为 1 像素，如图 2.8-42 所示。

41. 打开"文字变形"面板，单击"字体变换"按钮，如图 2.8-43 所示。

42. 在打开的"变形文字"对话框中选择"样式"为"旗帜"，再修改水平扭曲值，如图 2.8-44 所示。

43. 同时按住 Ctrl+T 键，进行自由变换，将文字放置在渐变色带上，如图 2.8-45 所示。

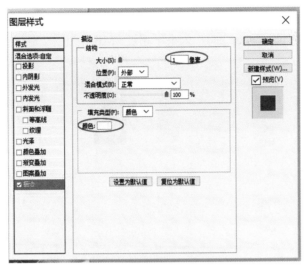

图 2.8-42　添加白色亮边

图 2.8-43　字体变换

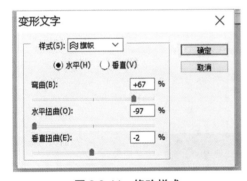

图 2.8-44　修改样式

图 2.8-45　自由变换

44. 用"文字工具"输入"法国",设置字体颜色为红色,文字大小为 18。再输入"戈斯曼村桶干红解百纳干红",修改行距为 18 点,字距为–80,如图 2.8-46 所示。

图 2.8-46　修改字距行距

45. 调整完毕后，打开所有图层，则完成所有效果的设置。选择菜单"文件"→"存储为"命令，保存文件为 photoshop.psd，大小不超过 2MB，如图 2.8-47 所示。

图 2.8-47 保存图片

2.9 案例 8：摩托车广告

示例效果图如图 2.9-1 所示。

图 2.9-1 效果图

【操作要点】

1. 打开 Photoshop CS5，选择菜单中的"文件"→"打开"命令，同时打开效果图 photoshop.jpg、背景.jpg、电动车.jpg、素材.jpg，如图 2.9-2 所示。同时以 photoshop.jpg 图片为参考基准图，方便之后的取色与位置调整等操作。

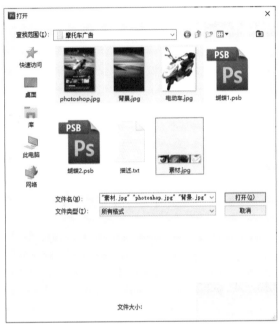

图 2.9-2　打开效果图

2. 新建图层并命名为"新背景"，如图 2.9-3 所示。

3. 单击打开背景.jpg 图片所在的文档，用工具栏中的"矩形选框工具"选取图片所有区域，如图 2.9-4 所示。用"移动"工具将选区拖进 photoshop.jpg 图片所在的文档，并使之与背景重合。

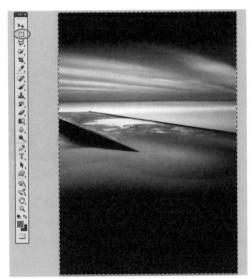

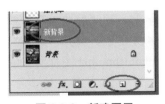

图 2.9-3　新建图层　　　　　　　　　　　　　图 2.9-4　选区效果

4. 新建图层并命名为"摩托车"，如图 2.9-5 所示。关闭"新背景"图层，暂时隐藏该图层。

5. 单击打开电动车.jpg 图片所在文档，再单击工具栏中的"放大镜工具"，放大图片，如图 2.9-6 所示。

图 2.9-5　新建图层

图 2.9-6　放大图片

6. 按住并拖动"背景"图层至"新建图层"按钮上，创建"背景副本"图层，如图 2.9-7 所示。

7. 单击打开工具栏中的"铅笔工具"，用大小为 1px 的画笔沿着摩托车白色区域边缘画彩色曲线，效果如图 2.9-8 所示。

图 2.9-7 创建图层副本

图 2.9-8　画笔描边

8. 单击工具栏中的"放大镜工具"，并单击"适合屏幕"按钮，如图 2.9-9 所示。

图 2.9-9　适合屏幕

9. 单击打开工具栏中的"魔棒工具"，设置"容差"约为 25，用"魔棒工具"单击白色背景，并单击"添加到选取"按钮，增加白色区域，如图 2.9-10 所示。选择"选择"→"反向"命令，单击"背景"图层，用"移动"工具将选区移至 photoshop.jpg 图片所在的图层，移动使之与背景重合。

10. 新建图层，并命名为"车轮影子"，如图 2.9-11 所示。

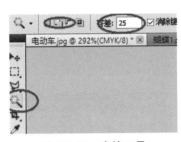

图 2.9-10　魔棒工具

图 2.9-11　新建图层

11. 选择工具栏中的"椭圆选框工具"，设置"羽化"值为 20，框选与背景中车影大小相似的选区，如图 2.9-12 所示。

图 2.9-12　选区效果

12. 选择菜单"编辑"→"填充"命令，在打开的对话框的"使用"中选择"黑色"，选择"选择"→"取消选择"命令，如图 2.9-13 所示。

13. 同时按住 Ctrl+T 键，打开"自由变换工具"，缩小并适当旋转车轮影子，用"移动"工具将黑色阴影移至摩托车轮胎下，拖动"车轮影子"图层至"摩托车"图层的下方，如图 2.9-14 所示。

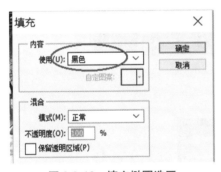

图 2.9-13　填充椭圆选区

图 2.9-14　调整图层顺序

14. 打开素材文件夹。选择"蝴蝶.psd"图片并拖进 photoshop.jpg 图片所在文档，如图 2.9-15 所示。移动蝴蝶使之与背景重合，按回车键应用变换。

15. 新建图层并命名为"素材"，如图 2.9-16 所示。

16. 单击"素材.jpg"图片所在文档，用"矩形选框工具"选取整个图形，并用"移动工具"将选区拖至 photoshop.jpg 图片所在文档，如图 2.9-17 所示。移动图形使之与背景重合。关闭除"背景"图层外的所有图层。

图 2.9-15 拖进素材

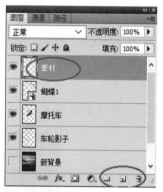

图 2.9-16 新建图层

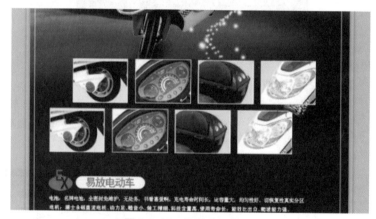

图 2.9-17 拖进选区效果

17. 新建图层并命名为"白点",如图 2.9-18 所示。

图 2.9-18 新建图层

18. 选择工具栏中的"画笔工具"，使用颜色为白色，选择菜单"窗口"→"画笔"命令，勾选"形状动态"和"散布"，修改"间距"为 173%左右，如图 2.9-19 所示。分别用大小不同的画笔根据背景画白，打开"新背景"图层后的效果如图 2.9-20 所示。

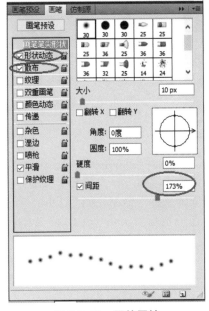

图 2.9-19　画笔属性

图 2.9-20　白点效果

19. 新建图层并命名为"白色矩形"，如图 2.9-21 所示。

20. 选择工具栏中的"圆角矩形工具"，设置半径为 40px，颜色为白色，参照背景画一个相似大小的矩形，如图 2.9-22 所示。

图 2.9-21　新建图层

图 2.9-22　圆角矩形工具

21. 用"文字工具"在圆角矩形上输入"易放电动车"，设置颜色为橙色，字体为黑体，大小为 4 点，如图 2.9-23 所示。

图 2.9-23　修改文字属性

22. 新建图层并命名为"椭圆"，如图 2.9-24 所示。

图 2.9-24　新建图层

23. 用"椭圆选框工具"选择一个椭圆选区，选择菜单"编辑"→"填充"命令。在打开的对话框中，"使用"设为"颜色"，选择"选择"→"取消选择"命令，如图 2.9-25 所示。

24. 用"文字工具"在椭圆上输入"X"，设置字体为黑体，大小为 14 点，如图 2.9-26 所示。

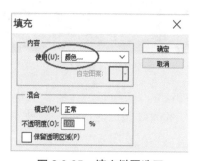

图 2.9-25　填充椭圆选区

图 2.9-26　字体效果

25. 选择菜单"选择"→"载入选区"命令，选中"椭圆"图层，按 Delete 键删除选区中的内容，同时删除"X"文字图层，如图 2.9-27 所示。选择菜单"选择"→"取消选择"命令。

图 2.9-27　删除内容

图 2.9-28　字体效果

26. 用"文字工具"输入"E"，设置字体为黑体，大小为 14 点，如图 2.9-28 所示。

27. 右击"E"文字图层，在弹出的快捷菜单中选择"栅格化文字"命令，如图 2.9-29 所示。

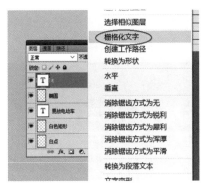

图 2.9-29　栅格化文字

28. 选择菜单"选择"→"载入选区"命令，再单击"椭圆"图层，选择菜单"选择"
→"载入选区"命令，在"操作"选项组中选中"与选取交叉"选项，得到交叉选区，如
图 2.9-30 所示。分别单击"E"图层和"椭圆"图层，删除选区中的内容。

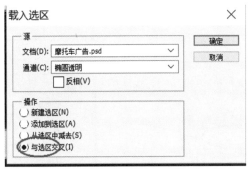

图 2.9-30　交叉选区

29. 用"文字工具"输入"轻盈灵动 至尊至美"，设置文字大小为 6 点，颜色为白色，
字体为华文仿宋，如图 2.9-31 所示。

图 2.9-31　文字属性

30. 新建图层并命名为"横线"，如图 2.9-32 所示。

图 2.9-32　新建图层

31. 单击"铅笔工具",设置颜色为白色,大小为1px,按住 Shift 键,再用鼠标在"轻盈灵动 至尊至美"文字下面画一条直线,如图2.9-33所示。

图 2.9-33 添加横线

32. 单击"新背景"图层,用"套索工具"选取图片中的天空部分,设置"羽化"值约为20px,如图2.9-34所示。

33. 选择菜单"图像"→"调整"→"色相/饱和度"命令,调整色相及饱和度,如图2.9-35所示。用同样方式调整图片中地面的色相/饱和度,效果如图2.9-36所示。

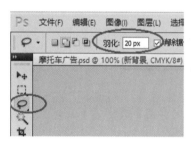

图 2.9-34 套索工具

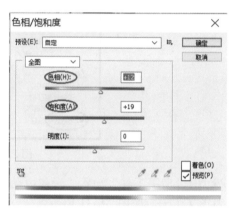

图 2.9-35 调整色相/饱和度

图 2.9-36 修改色相/饱和度效果图

34. 其余文字均由"横排文字工具"及字符间距调整完毕后，将所有图层打开，则完成所有效果的设置。最终效果如图 2.9-37 所示。

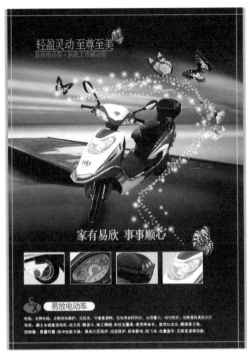

图 2.9-37　最终效果图

35. 选择菜单"文件"→"存储为"命令，保存文件为 photoshop.psd，大小不超过 2MB，如图 2.9-38 所示。

图 2.9-38　存储图像

2.10 案例9：蓝色等级考试

示例效果图如图2.10-1所示。

图 2.10-1 示例效果图

【操作要点】

1. 打开Photoshop CS5，选择菜单中的"文件"→"打开"命令，打开效果图Photoshop. jpg，如图2.10-2所示，并以效果图作为基准图进行操作。

图 2.10-2 打开效果图

2. 将打开的示例图片拖入下方"新建图层"按钮上新建副本，选择菜单"编辑"→"填充"命令，在打开的对话框中设置"使用"为"白色"，将该图层命名为"白色背景"，如图2.10-3、图2.10-4所示。

图 2.10-3　新建图层副本　　　　　　　　　　图 2.10-4　填充为白色

3. 使用"椭圆选框工具"在左上角边缘处画一个圆，按住 Shift 键缩放圆便可得到正圆。选择"选择"→"反向"命令出现反向选区。再使用"矩形选框工具"，选择"与选区交叉"选项，框选出左上方与需保留半圆交叉的区域块。出现边缘不规则选区，选择菜单"编辑"→"填充"命令，在打开的对话框中设置"使用"为"黑色"。选择"选择"→"取消选择"命令取消选区。完成后单击图层前的眼睛图标将其隐藏，方便后续步骤的操作，如图 2.10-5～图 2.10-9 所示。

图 2.10-5　"椭圆选框"工具

图 2.10-6　画一个正圆

图 2.10-7　与选区交叉

图 2.10-8　交叉留下不规则选区

图 2.10-9　填充为黑色

4. 单击"路径"面板，找到"路径 2"，在"路径 2"处右击，在弹出的快捷菜单中选择"建立选区"命令，出现以路径为边缘的选区。回到"图层"面板，单击"新建图层"按钮，将图层命名为"色块 1"。使用工具栏中的"吸管工具"，在"背景"图层中吸取上方浅蓝区域的颜色作为前景色，再选择"色块 1"图层，选择"编辑"→"填充"命令，在弹出的对话框中设置"使用"为"前景色"。完成后选择"选择"→"取消选择"命令取消选区，如图 2.10-10～图 2.10-13 所示。

图 2.10-10　路径处建立选区

图 2.10-11　"吸管"工具

图 2.10-12　吸取颜色区域

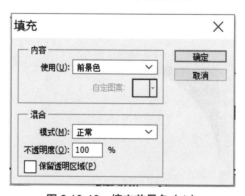

图 2.10-13　填充前景色（1）

5. 再次单击"路径"面板选择路径 1，右击，在弹出的快捷菜单中选择"建立选区"命令，新建图层，命名为"色块 2"，使用刚刚吸取的颜色，选择"色块 2"图层，选择"编辑"→"填充"命令，操作同步骤 2，如图 2.10-14 所示。

图 2.10-14　路径 1

6. 再次选择"路径"面板，选择工作路径，新建选区并命名为"色块 3"，其余同步骤 5。将"色块 1"及"色块 3"图层的混合模式都选择为"正片叠底"，"色块 2"图层混合模式设置为"线性加深"，营造色块深浅交错的效果，如图 2.10-15、图 2.10-16 所示。

图 2.10-15　图层混合模式

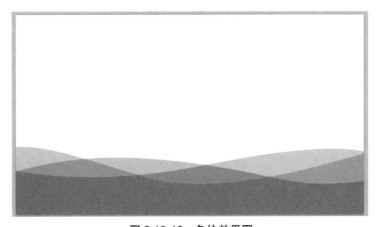

图 2.10-16　色块效果图

7. 单击"路径"面板，在路径 3 处右击，在弹出的快捷菜单中选择"建立选区"命令，操作同步骤 3，使用"吸管工具"，在"背景"图层中吸取以路径 3 为边缘的云朵的颜色。新建图层，并命名为"云朵 1"，选择"云朵 1"图层，选择菜单"编辑"→"填充"命令，在打开的对话框中设置"使用"为吸取的"前景色"。完成后选择"选择"→"取消选区"命令，如图 2.10-17 所示。

图 2.10-17　填充为前景色（2）

8. 再次单击"路径"面板，在路径 4 处右击，在弹出的快捷菜单中选择"建立选区"，操作同步骤 3。新建图层，并命名为"云朵 2"，选择"云朵 2"图层，注意此时"云朵 2"图层应在"云朵 1"图层的上方。选择"编辑"→"填充"命令，在打开的对话框中设置"使用"为"白色"，完成后取消选区，操作同步骤 5，如图 2.10-18、图 2.10-19 所示。

图 2.10-18　云朵效果

图 2.10-19　图层位置

9. 选择"路径"面板，在路径 5 处右击，在弹出的快捷菜单中选择"建立选区"命令，使用"吸管工具"在"背景"图层中将波浪图形的颜色吸取作为前景色。新建图层，命名为"波浪 1"。选择"波浪 1"图层，选择菜单"编辑"→"填充"命令，在打开的对话框中设置"使用"为"前景色"。完成后先不要取消选区，如图 2.10-20 所示。

图 2.10-20 填充为前景色（3）

10. 将"波浪 1"图层拖入"新建图层"按钮上新建图层副本，并将该图层命名为"波浪 2"。先使用"吸管工具"在"背景"图层中吸取第二个波浪的颜色，再选择"波浪 2"图层，使用"移动工具"将波浪 2 移动至第二个波浪的位置处。可按住 Ctrl+T 键，调整波浪大小，按住 Shift 键并拖住边缘向内拉使其等比例缩小。大小和位置调整完成后将其填充为前景色，操作同步骤 7，如图 2.10-21～图 2.10-24 所示。

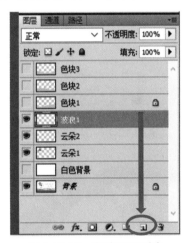

图 2.10-21 新建图层副本

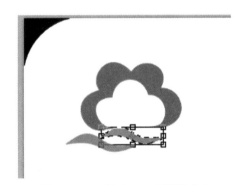

图 2.10-22 按 Ctrl+T 键调整大小

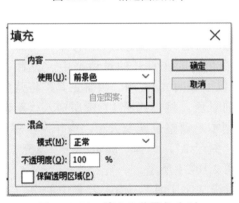

图 2.10-23 填充为前景色（4）

图 2.10-24 填充效果

11. 做出第三个波浪，并命名为"波浪 3"，操作同步骤 8，完成后选择"选择"→"取消选择"命令，如图 2.10-25 所示。

图 2.10-25　波浪完成

图 2.10-26　魔棒工具

12. 关闭"云朵"图层，将两个"云朵"图层隐藏。在"背景"图层中，使用"魔棒工具"，单击白色鸽子部位，鸽子及多余白色部位被选中。选择"从选区减去"选项，再使用"套索工具"，将多余白色部分套选，多余白色选区就会消失，如图 2.10-26～图 2.10-30 所示。

图 2.10-27　多余白色部分

图 2.10-28　从选区减去

图 2.10-29　"套索"工具

图 2.10-30　套选多余白色后

图 2.10-31　鸽子 2 完成

13. 新建图层，命名为"鸽子 1"，选择"编辑"→"填充"，填充为白色（即在打开的对话框中，设置"使用"为"白色"，以下类同）。使用"吸管工具"将蓝色鸽子的颜色吸取为前景色。将"鸽子 1"图层拖入"新建图层"按钮上新建副本，调整位置及大小，操作同步骤 8。将该图层命名为"鸽子 2"，选择"编辑"→"填充"，填充为前景色，如图 2.10-31 所示。

14. 使用"横排文字工具"，输入背景中的字。其中"计算机等级考试办公室"字体颜色使用"吸管工具"吸取为背景颜色，设置字体为"华文中宋"，大小为"12 点"。单击"切换字符和段落面板"按钮，如图 2.10-32 中红色圆圈部分，将字间距设为 200 点，如图 2.10-33 所示。使用"移动工具"将文字调到适合位置。

图 2.10-32 文字设置

图 2.10-33 字间距

15. 完成文字的输入，设置字体为"新宋体"，大小为"6 点"，上下间距为"8 点"，如图 2.10-34、图 2.10-35 所示。

图 2.10-34 上下间距

图 2.10-35 完成效果图

16. 选择"文件"→"储存为"命令，储存为 Photoshop.psd 后保存退出，完成操作，如图 2.10-36 所示。

图 2.10-36　储存为 Photoshop.psd 文件

2.11　案例 10：红色等级考试

示例效果图如图 2.11-1 所示。

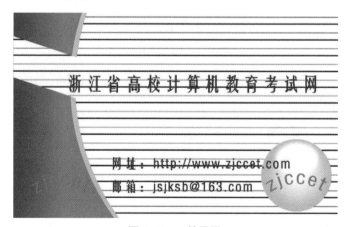

图 2.11-1　效果图

【操作要点】

1. 打开 Photoshop CS5，选择菜单中的"文件"→"打开"命令，打开效果图 Photoshop.jpg，以此图片为参考基准图，方便之后的取色与位置调整等操作，如图 2.11-2 所示。

图 2.11-2　打开效果图

2. 打开 Photoshop.jpg 图片后，单击"图层"面板中的"新建图层"按钮，新建图层并双击图层名，重命名为"白色背景"，如图 2.11-3 所示。

3. 在"图层"面板中选中新建的"白色背景"图层（即该图层为蓝色高亮显示），选择菜单中的"编辑"→"填充"命令，在内容"使用"的下拉菜单中选择"白色"，如图 2.11-4 所示。

4. 新建组（即文件夹），并命名为"背景线条"，在该组中新建图层，并命名为"线条"，如图 2.11-5 所示。

5. 使用工具栏中的"铅笔工具"，大小为 1px 粗细，按住 Shift 键的同时，在"线条"图层中绘制一条水平线，同样以大小为 2px 粗细，绘制相邻近的水平线，如图 2.11-6 所示。

图 2.11-3　新建"白色背景"图层

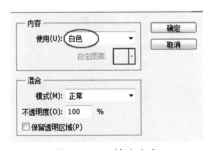

图 2.11-4　填充白色

图 2.11-5　新建组

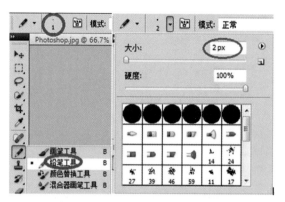

图 2.11-6　"铅笔"工具及大小调整

6. 在选中"线条"图层的前提下，按住 Ctrl+Alt 键，单击 T 键，在第 5 步中绘制完成的线条出现选择方框，建议不使用鼠标，直接使用键盘上的方向键向下移动复制出来的线条到适当位置，并按键盘回车确认，如图 2.11-7 所示。

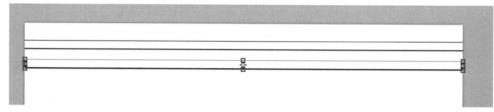

图 2.11-7　复制线条被下移到适当位置

7. 按住 Ctrl+Alt+Shift 键，反复单击 T 键，将会出现不断新复制的线条，并且以相同间隔距离的方式向下填充到画布，直至填充满为止。"图层"面板的"背景线条"组中能出现多个线条副本，单击组左侧的三角形图标将组收拢，如图 2.11-8，图 2.11-9 所示。

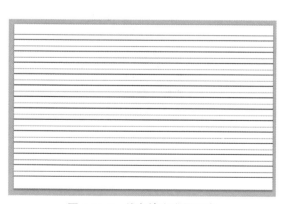

图 2.11-8　线条填充满屏示意

图 2.11-9　"图层"面板示意

8. 关闭组和"白色背景"图层，使组线条和白色背景暂时隐藏，使用"放大镜工具"，将画布适当缩小。使用工具箱中的"椭圆选框工具"，同时按住 Alt+Shift 键，在屏幕上绘制一个的圆形，其中按住 Alt 键的作用是以圆心为固定点放大或缩小，按住 Shift 键的作用是以正圆形式放大或缩小，如图 2.11-10 所示。

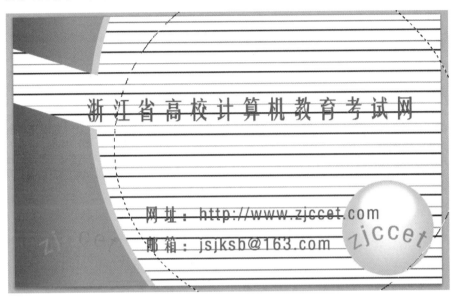

图 2.11-10　巨大的正圆

9. 反复调整圆的位置，让圆弧与效果图左侧的渐变色块边缘大致重合，如果始终无法完全贴合，则重复第 8 步，重新绘制更大的正圆来做贴合，如图 2.11-11 所示。

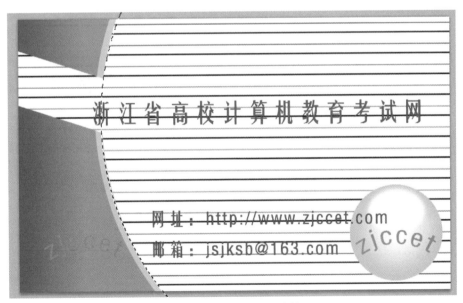

图 2.11-11　贴合圆弧边缘

10. 单击菜单中的"选择"→"反向"，得到所需要的左侧的色块形状，如图 2.11-12 所示。

11. 使用工具栏中的"吸管工具"，吸取色块边缘处特别浅的粉色，使得前景色为获取到的当前颜色。新建图层，并命名为"粉色色块"，选中"粉色色块"图层，单击菜单中的"编辑"→"填充"，"使用"选择"前景色"，即填充成粉色，如图 2.11-13 所示。注意，不要取消选区，如果不小心取消了选区，可以使用菜单中的"选择"→"载入选区"命令直接确定获取当前色块的选区。

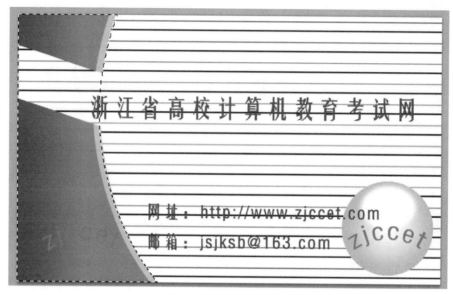

图 2.11-12   不规则色块选区

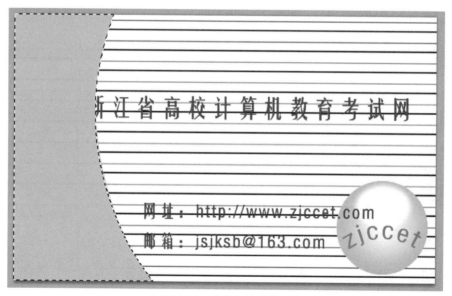

图 2.11-13   粉色色块填充示意

12. 在第 11 步中提及的选区尚且保留的前提下，不推荐使用鼠标，而是使用键盘上的方向键，向左移动一定距离，将其与粉色色块留出一段边缘，如图 2.11-14 所示。

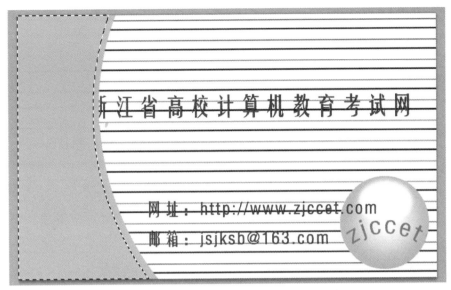

图 2.11-14　选区向左移动一定距离后的示意

13. 新建图层，命名为"渐变色块"图层，再次使用"吸
管工具"，在"背景"图层中吸取所需渐变色的前景色和背景
色，如图 2.11-15 所示。使用工具栏中的"渐变工具"，以默
认的线性渐变方式，在选区内从左向右或从右向左水平拖
曳，绘制渐变色，如图 2.11-16 所示。

14. 使用工具栏中的"矩形选框工具"，拖曳出合适长宽
比的矩形选区，单击菜单"选择"→"变换选区"命令，矩
形选区的四周出现控制点，将光标放置于任意四个顶角之
一，按照如图 2.11-17 所示旋转到一定角度，并按回车键确认
选区的旋转。

图 2.11-15　前景色与背景色
选取后的示意

图 2.11-16　渐变色块图层填充完成后的示意

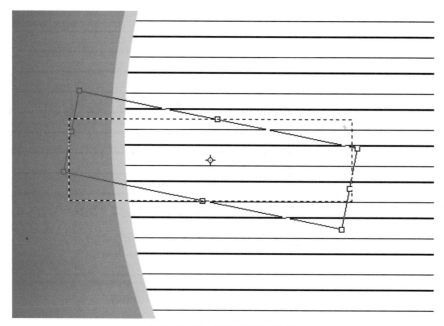

图 2.11-17　矩形选区的旋转

15. 保持选中工具栏的"矩形选框工具"，在新选区模式下，即可拖曳到需要删除的缺口处，保持"图层"面板中的"渐变色块"图层被选中，单击菜单"编辑"→"清除"命令，如图 2.11-18 所示；单击"图层"面板中的"粉色色块"图层，再单击菜单"编辑"→"清除"命令，如图 2.11-19 所示。

16. 单击菜单"选择"→"取消选择"命令，清除斜着的矩形选区。保证关闭"白色背景"图层左侧的眼睛图标以暂时隐藏"白色背景"图层，显示"背景"图层中的效果图，以"背景"图层右下角的圆形为样本，使用"椭圆选框工具"，按住 Alt+Shift 键，将光标放置于圆形的圆心附近，拖曳鼠标左键缩放圆形选区的大小与样本大小尽量贴合，如图 2.11-20 所示。其中，Alt 与 Shift 键的作用参看第 8 步的说明。

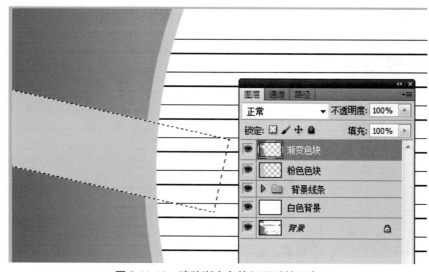

图 2.11-18　清除渐变色块矩形后的示意

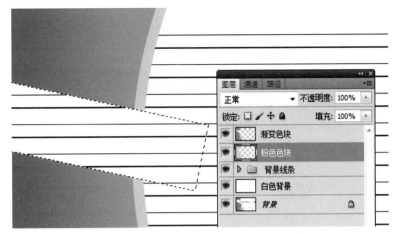

图 2.11-19　清除粉色色块矩形后的示意

图 2.11-20　圆形选区

17. 使用"吸管工具"吸取"背景"图层中圆形的边缘，将前景色设置为粉红色，将背景色设置为圆形中心的白色，如图 2.11-21 所示。

18. 选择工具栏中的"渐变工具"后，设置渐变属性为径向渐变，并且勾选"反向"选项。单击可编辑渐变，进入渐变色的编辑，如图 2.11-22 所示。

图 2.11-21　前景色与背景色

图 2.11-22　渐变工具的编辑

19. 单击渐变色块左下角的色标，将菱形的颜色中点滑杆向右滑动，观察"位置"参数大致在 25%左右，单击"确定"按钮保存渐变色的编辑。此项编辑的主要作用在于，观察"背景"图层中的效果图圆形，粉色边缘所占比例较少，中心白色部分所占比例较多，所以调整了渐变颜色中的显示比例，将粉色的显示比例降低到 25%左右，如图 2.11-23 所示。

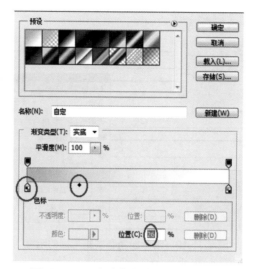

图 2.11-23　渐变颜色的显示比例调整

20. 新建图层，并命名为"圆形"。从圆心向圆周拖动左键并释放，则将渐变圆形绘制出来，如图 2.11-24 所示。

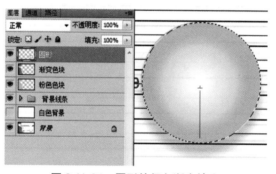

图 2.11-24　圆形的径向渐变填充

21. 新建图层"高亮色块"，使用工具栏中的"椭圆选框工具"，在新图层中绘制如图 2.11-25 所示的椭圆选区，并单击菜单"编辑"→"填充"命令，使用填充内容为白色。填充完毕后单击菜单"选择"→"取消选择"命令或按 Ctrl+D 组合键取消选区。

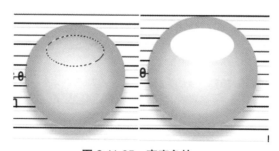

图 2.11-25　高亮色块

22. 在"图层"面板中选择"圆形"图层，右击，在弹出的快捷菜单中选择"混合选项"命令，打开"图层样式"对话框。点选左侧列表中的"投影"，并设置参数。其中，"角度"为 90 度，"距离"为 15 像素，"大小"为 15 像素。投影的颜色设置为适合的粉色，具体由操作者自己决定。参数与效果图如图 2.11-26 所示。

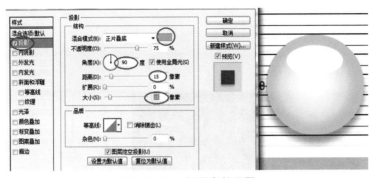

图 2.11-26 投影参数设置

23. 使用工具栏中的"横排文字工具",在圆形附近输入大写字母 ZJCCET,并设置文字字体为 Arial,大小为 10 点,创建文字变形"样式"为"扇形",并设置"弯曲"为+35%,如图 2.11-27 所示。

图 2.11-27 文字变形参数设置

24. 创建"ZJCCET"文字图层的副本或者重复操作第 23 步,将此新建的 ZJCCET 字符放置于渐变图层左下角,如图 2.11-28 所示。

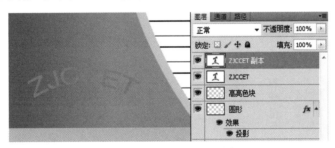

图 2.11-28 ZJCCET 副本

25. 再一次使用"横排文字工具",填入"浙江省高校计算机教育考试网",字体使用微软雅黑,大小建议设置为 10 点,单击菜单中的"窗口"→"字符"命令,调整字符间距建议为 500 点,如图 2.11-29 所示。

26. 利用"横排文字工具"和字符间距离设置来调整其余文字效果,然后将所有图层的左侧的眼睛图标打开,则完成所有效果的设置。

图 2.11-29 文字间距调整

2.12 案例 11：天堂广告

示例效果图如图 2.12-1 所示。

图 2.12-1 效果图

【操作要点】

1. 打开 Photoshop CS5，选择菜单中的"文件"→"打开"命令，同时打开效果图 Photoshop.jpg、素材 1.jpg、素材 2.jpg，素材 3.jpg、素材 4.jpg，如图 2.12-2 所示。以 Photoshop.jpg 图片为参考基准图，以方便之后的取色与位置调整等操作。

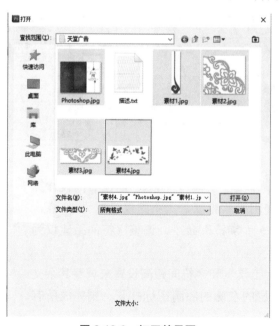

图 2.12-2 打开效果图

2. 新建图层"左边色块"，如图 2.12-3 所示。在该图层上用工具栏中的"矩形选框工具"选取图形左边部分，效果如图 2.12-4 所示。

图 2.12-3　新建图层

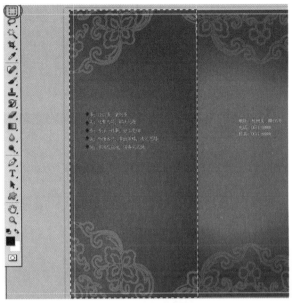

图 2.12-4　选区效果

3. 用"吸管工具"分别吸取背景中的浅红和深红，如图 2.12-5 所示。

4. 单击工具栏中的"渐变工具"，选择径向渐变，打开"渐变"拾色器，如图 2.12-6 所示。

图 2.12-5　吸管工具吸取颜色

图 2.12-6　打开渐变拾色器

5. 将浅红一边的色标向右拖，增加浅红部分，如图 2.12-7 所示。

6. 在选区内从左向右或从左下向右上拖曳，绘制渐变色，效果如图 2.12-8 所示。单击菜单"选择"→"取消选择"命令。

7. 新建图层"中间色块"，如图 2.12-9 所示。

8. 利用工具栏中的"矩形选框工具"选取图片中间部分，如图 2.12-10 所示。

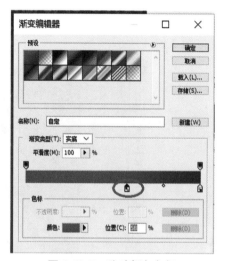

图 2.12-7　移动颜色色标

图 2.12-8　渐变效果

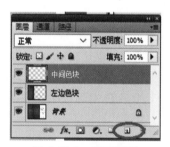

图 2.12-9　新建图层

图 2.12-10　选区效果

9. 用"吸管工具"分别吸取背景中的浅红和深红，单击工具栏中的"渐变工具"，选择径向渐变，打开"渐变"拾色器。将浅红一边的色标向右拖，增加浅红部分，在选区内从左向右或从左下向右上拖曳绘制渐变色，效果如图 2.12-11 所示。

10. 新建图层"右边色块"，如图 2.12-12 所示。

图 2.12-11　绘制渐变

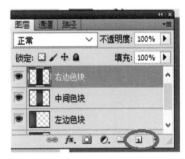

图 2.12-12　新建图层

11. 利用"矩形选框工具"选取图片右边部分，如图 2.12-13 所示。

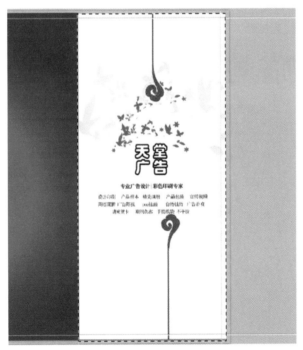

图 2.12-13　选区效果

12. 单击菜单"编辑"→"填充"命令，在打开的"填充"对话框的"使用"下拉菜单中选择"白色"，如图 2.12-14 所示。

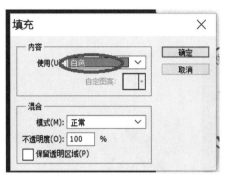

图 2.12-14　填充色块

13. 新建图层"花纹"，如图 2.12-15 所示。

14. 关闭"中间色块""左边色块""右边色块"图层的眼睛图标，暂时隐藏这些图层，利用背景进行参照，如图 2.12-16 所示。

图 2.12-15　新建图层

图 2.12-16　隐藏图层

15. 单击素材 2.jpg 图片所在文档，再单击菜单"选择"→"色彩范围"命令，用"吸管工具"吸取背景中的白色，如图 2.12-17 所示。

图 2.12-17　色彩范围

16. 单击菜单"选择"→"反向"命令，用"移动工具"将选区拖进 Photoshop.jpg 图片所在文档，移动花纹使之与左下角背景重合，降低花纹的不透明度，建议降低至 50%，如图 2.12-18 所示。

17. 用鼠标左键单击并拖动"花纹"图层至"新建图层"按钮上，创建花纹图层副本，操作如图 2.12-19 所示。

图 2.12-18　降低图形不透明度

图 2.12-19　创建花纹图层副本

18. 单击菜单"编辑"→"变换"→"垂直翻转"命令，用"移动工具"将翻转后的图案拖至图片左上角，如图 2.12-20 所示。

19. 创建"花纹 2"图层，如图 2.12-21 所示。

图 2.12-20　变换并移动花纹

图 2.12-21　新建图层

20. 单击素材 3.jpg 图片所在文档，再单击菜单"选择"→"色彩范围"命令，打开"色彩范围"对话框，相关设置如图 2.12-22 所示。用"吸管工具"吸取背景中的白色。

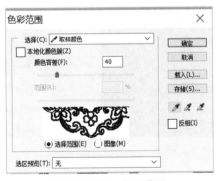

图 2.12-22　色彩范围

21. 单击菜单"选择"→"反向"命令，用"移动工具"将选区拖进 Photoshop.jpg 图片所在文档，移动花纹使之与右下角背景重合，降低花纹的不透明度，建议降低至 50%，如图 2.12-23 所示。

22. 用鼠标左键单击并拖动"花纹"图层至"新建图层"按钮上，创建花纹 2 图层副本，如图 2.12-24 所示。

图 2.12-23　降低图形不透明度

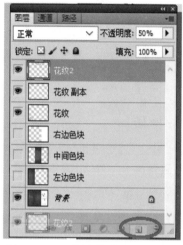

图 2.12-24　创建花纹 2 图层副本

23. 单击菜单"编辑"→"变换"→"垂直翻转"命令，用"移动工具"将翻转后的图案拖至图片的右上角，如图 2.12-25 所示。

24. 新建"小鸟"图层，如图 2.12-26 所示。

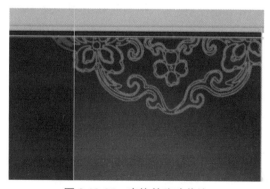

图 2.12-25　变换并移动花纹

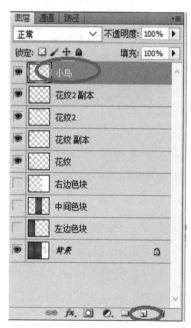

图 2.12-26　新建图层

25. 单击"素材 4.jpg"图片所在文档，再单击菜单"选择"→"色彩范围"命令，打开"色彩范围"对话框，如图 2.12-27 所示，用吸管工具吸取背景中的白色。

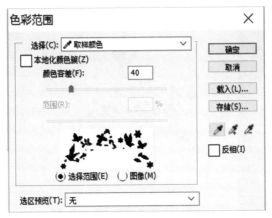

图 2.12-27　色彩范围

26. 单击菜单"选择"→"反向"命令，用"移动工具"将选区移至"Photoshop.jpg"图片所在文档，并参考背景，移动图案，如图 2.12-28 所示。

27. 创建"小鸟副本"图层，如图 2.12-29 所示。

图 2.12-28　移动小鸟图案

图 2.12-29　创建图层副本

28. 单击菜单"选择"→"载入选区"命令，再单击菜单"选择"→"变换选区"命令，放大并旋转选区，按回车键应用变换，如图 2.12-30 所示。

29. 用"吸管工具"吸取背景中浅色小鸟的颜色，如图 2.12-31 所示。

30. 单击菜单"编辑"→"填充"命令，设置"使用"为"前景色"，单击菜单"选择"→"取消选择"命令，如图 2.12-32 所示。

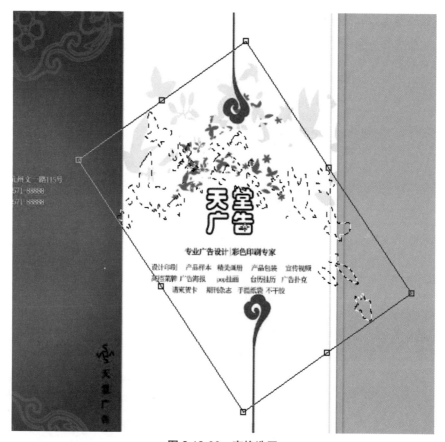

图 2.12-30　变换选区

图 2.12-31　吸管工具

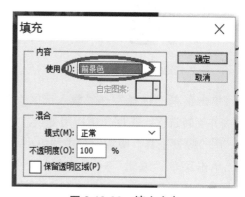

图 2.12-32　填充小鸟

31. 改变图层顺序，将"中间色块"图层移到"小鸟副本"图层的上方，如图 2.12-33 所示。

32. 关闭"小鸟"和"小鸟副本"图层的眼睛图标，暂时隐藏这两个图层。新建图层"祥云"，如图 2.12-34 所示。

图 2.12-33　修改图层顺序

图 2.12-34　新建图层

33. 单击"素材 1.jpg"图片所在文档，再单击菜单"选择"→"色彩范围"命令，打开"色彩范围"对话框，如图 2.12-35 所示，用吸管工具吸取背景中的白色。

图 2.12-35　色彩范围

34. 单击菜单"选择"→"反向"命令，用"移动工具"将选区拖至"Photoshop.jpg"图片所在文档，移动图案使之与背景中右上祥云重合，如图 2.12-36 所示。

35. 创建"祥云副本"图层，如图 2.12-37 所示。

图 2.12-36　移动祥云

图 2.12-37　创建图层副本

36. 单击菜单"编辑"→"垂直翻转"命令，并移动祥云使之与背景中右下方祥云的上半部重合。单击工具栏中的"放大镜工具"，将祥云部分放大，暂时关闭"背景"图层的眼睛图标，如图 2.12-38 所示。

图 2.12-38　放大图像

37. 用"吸管工具"吸取祥云颜色，单击工具栏中的"画笔工具"，大小设为 10px，如图 2.12-39 所示。

38. 左手按住 Shift 键，右手用鼠标画直线补全祥云，如图 2.12-40 所示。

39. 单击"放大镜工具"，选择"适合屏幕"，如图 2.12-41 所示。

40. 打开"背景"图层的眼睛图标。单击工具栏中的自定义工具，打开"自定义形状"拾色器。单击右上角的箭头，选择"形状"，如图 2.12-42 所示，在"形状"内容下选择菱形。

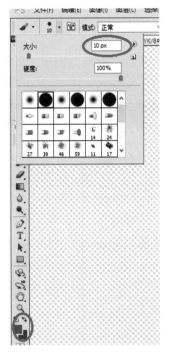

图 2.12-39　修改画笔属性

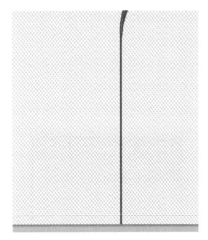

图 2.12-40　补全祥云

图 2.12-41　适合屏幕

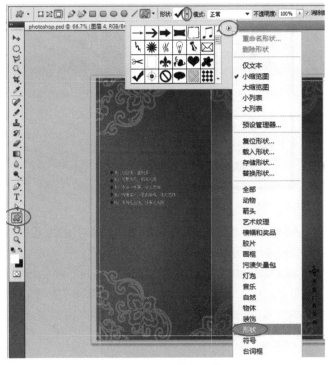

图 2.12-42　追加形状

41. 在与背景相同区域绘制菱形，单击"图层"面板边上的"路径"，如图 2.12-43 所示，右击，在弹出的快捷菜单中选择"形状 1 矢量蒙版"→"建立选区"命令。

42. 返回"图层"面板，删除绘制菱形产生的图层，新建"菱形"图层，如图 2.12-44 所示。

图 2.12-43　建立选区

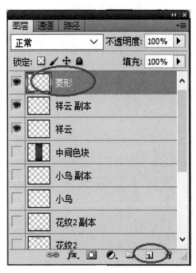

图 2.12-44　新建图层

43. 用"吸管工具"吸取背景中菱形的颜色，单击菜单"编辑"→"填充"命令，设置"使用"为"前景色"，如图 2.12-45 所示。

图 2.12-45　填充菱形

44. 同时按住 Ctrl+Alt+T 键，复制图形，直接使用键盘上的方向键向下移动拷贝出来的图案到适当位置，如图 2.12-46 所示。

45. 左手同时按住 Ctrl+Alt+Shift 键，右手反复三次按 T 键，将会出现新复制的图案，并且以相同间隔距离的方式向下出现，单击"编辑"→"取消选择"命令，如图 2.12-47 所示。

46. 新建组（即文件夹），并命名为"文字"，在该组内用"文字工具"输入第一条文字"多：经验多、案例多"，设置字体属性大小为 12 点，字体为楷体，颜色为白色，如图 2.12-48 所示。

图 2.12-46　复制移动图案

图 2.12-47　复制图案

图 2.12-48　输入文字

47. 在选中"文字"图层的前提下，左手按住 Ctrl+Alt 键，右手按 T 键，第 19 步中输入的字体出现选择方框，建议不使用鼠标，直接使用键盘上的方向键向下移动拷贝出来的文字到适当位置，并按回车键确认。左手按住 Ctrl+Alt+Shift 键，右手三次按 T 键，将会不断出现新复制的文字，并且以相同间隔距离的方式向下出现。"图层"面板的"背景线条"组中出现多个文字副本，依据第 19 步分别修改每个图层内的文字内容，单击组左侧的三角形图标将组收拢，如图 2.12-49 所示。

图 2.12-49　图层面板示意

48. 用工具栏中的"放大镜工具"，放大"天堂广告公司"字眼区域，如图 2.12-50 所示。

图 2.12-50   放大镜工具

49. 新建组（即文件夹），并命名为"S"，用"文字工具"输入"S"，设置颜色为黑色，大小为 12 点，字体为 Microsoft YaHei UI，如图 2.12-51 所示。

图 2.12-51   字体属性

50. 同时按住 Ctrl+Alt+T 键，复制"文字"图层。同时按住 Ctrl+T 键打开"自由变换工具"，以 S 字母底部为轴心旋转 90 度，按回车键应用变换，如图 2.12-52 所示。

51. 左手按住 Ctrl+Alt+Shift 键，右手两次按 T 键，将会不断出现新复制的文字，并且以相同变换方式出现。"图层"面板的"S"组中出现多个文字副本，单击组左侧的三角形图标将组收拢，如图 2.12-53 所示。

图 2.12-52   自由变换文字

图 2.12-53   "图层"面板示意

52. 用"直排文字工具"输入"天堂广告公司"，单击菜单"窗口"→"字符"命令，修改文字大小为 12 点，字体为宋体，颜色为黑色，增加字符间距约为 580，如图 2.12-54 所示。

53. 关闭"背景"图层的眼睛图标，效果如图 2.12-55 所示。

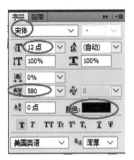
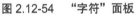

图 2.12-54　"字符"面板　　　　　　　　　图 2.12-55　文字效果

54. 打开"背景"图层的眼睛图标，用"横排文字工具"输入"天堂广告"，设置字体为华文彩云，颜色为黑色，字体大小为 30 点，字符间距约为 100，行距约为 30 点，如图 2.12-56 所示。

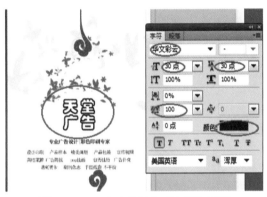

图 2.12-56　文字效果和"字符"面板

55. 采用"横排文字工具"和字符间距调整，设置其余文字效果，将所有图层左侧的眼睛图标打开，则完成所有效果的设置。最终效果如图 2.12-57 所示。

图 2.12-57　最终效果图

56. 单击菜单"文件"→"存储为"命令，保存文件为 Photoshop.psd，大小不超过 2MB，如图 2.12-58 所示。

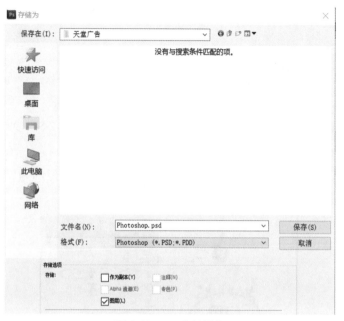

图 2.12-58　存储图像

2.13　案例 12：香水广告

示例效果图如图 2.13-1 所示。

图 2.13-1　效果图

【操作要点】

1. 打开 Photoshop CS5，选择菜单中的"文件"→"打开"命令，同时打开效果图

Photoshop.jpg、女人.jpg、香水.jpg 图片，如图 2.13-2 所示。其中以 Photoshop.jpg 图片作为基准图进行操作。

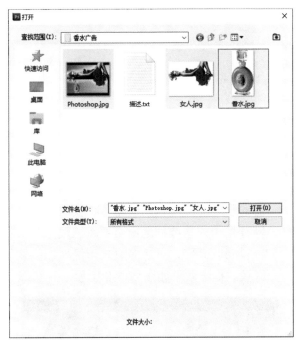

图 2.13-2　打开文件

2. 在示例图界面操作，新建图层，并命名为"渐变背景"，使用工具栏中的"吸管工具"，如图 2.13-3 所示，在"背景"图层中吸取背景棕色渐变的深色区域和浅色区域分别作为前景色和背景色，如图 2.13-4 所示。再使用"渐变工具"，使用默认的"线性渐变"即图 2.13-5 处蓝色高亮区域，从左到右或从右到左拉出渐变效果，如图 2.13-5 中红色圆圈处，可使用上方"渐变编辑器"编辑渐变颜色深浅比例。渐变效果如图 2.13-6 所示。

图 2.13-3　吸管工具

图 2.13-4　前景色与背景色示意

图 2.13-5　渐变工具及线性渐变
和渐变编辑器位置

图 2.13-6　渐变完成效果

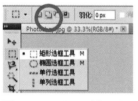

图 2.13-7　矩形选框工具

3. 新建图层，并命名为"黑色边缘"，注意此时"黑色边缘"图层应在"渐变背景"图层的上面。单击"渐变背景"图层前的眼睛图标将该图层隐藏。使用工具栏中的"矩形选框工具"以背景图为基准框选出全部黑色边缘的形状，框选前选择上方的"添加到选区"，可选多块矩形区域，位置如图 2.13-7 中红色圆圈区域。框选效果如图 2.13-8 所示。

图 2.13-8　框选全部黑色边缘区域

4. 选择"黑色边缘"图层，选择菜单"编辑"→"填充"命令，填充为黑色，完成黑色边缘的制作。完成后单击"选择"→"取消选择"命令取消选区，如图 2.13-9、图 2.13-10 所示。

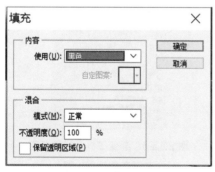

图 2.13-9　填充为黑色

图 2.13-10　填充后效果

5. 切换到"女人"界面，选择工具栏中的"魔棒工具"，"容差"值可保持为默认 32，同样选择"添加到选区"以便于选择多块区域，位置如图 2.13-11 中红色圆圈位置。分块单击背景白色，出现精准选择的白色背景选区，单击"选择"→"反向"命令，出现女人的选区。再使用"移动工具"将其移动到操作背景图界面。在操作界面中使用"移动工具"移动"女人"图层使之与背景图女人位置重合，如图 2.13-12、图 2.13-13 所示。

图 2.13-11　魔棒工具

图 2.13-12　选择白色背景

图 2.13-13　选择反向

6. 切换到"香水"界面，同样使用"魔棒工具"，将"容差"值调整为 10，防止误选香水瓶身白色部分。首先选择白色背景再反向选择成香水选区，操作同步骤 5，同样用"移动工具"将香水选区移动到操作的界面，再移动至与背景图香水位置相同处，如图 2.13-14 所示。

7. 新建图层，命名为"桌面"，使用工具栏中的"多边形套索工具"，如图 2.13-15 所示，以背景图为基准，将桌面形状扩大范围套出来，如图 2.13-16 所示。注："多边形套索工具"通过多条直线的转折形成的封闭图形来实现选区的选择，在需要转折的地方，单击鼠标左键一下便会形成一个转折点，两点之间为直线。

图 2.13-14　调整容差

图 2.13-15　多边形套索工具

图 2.13-16　用套索扩大选择桌子区域

8. 使用"吸管工具"在"背景"图层中吸取桌面渐变的深色和浅色作为前景色和背景色，选择"桌面"图层，使用"渐变工具"从上至下或从下至上拉出渐变。完成后单击"选择"→"取消选择"命令，如图 2.13-17 所示。

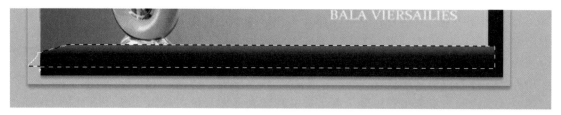

图 2.13-17 拉出渐变

9. 选择"香水"图层，将"香水"图层拉入右下角的"新建图层"按钮上，新建"香水图层"副本，命名为"影子"。选择"影子"图层，单击"编辑"→"变换"→"垂直翻转"命令将图层翻转，使用"移动工具"，将变换后的影子移动到香水下方影子处，注意此时各图层位置如图 2.13-18 所示。在"影子"图层处加一个蒙版，使用"渐变工具"在蒙版处由上至下或由下至上拉出渐变做出影子效果，如图 2.13-19～图 2.13-21 所示。

图 2.13-18 创建副本

图 2.13-19 创建"影子"图层蒙版

图 2.13-20 蒙版处拉出渐变

图 2.13-21 影子效果

10. 将步骤 7 所做的"桌面"图层拉到"创建图层"按钮上，新建图层副本，操作同步骤 8，将副本图层命名为"桌子 2"，使用"移动工具"将该图层移动到"背景"图层中女人躺着的桌子的位置。注意将该图层拉到"女人"图层及"黑色边缘"图层的下面，如图 2.13-22、图 2.13-23 所示。

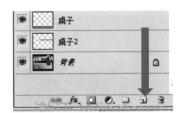

图 2.13-22 创建桌子副本

图 2.13-23 移动位置

11. 使用"横排文字工具",输入"SEASON",设置字体颜色为橙色,颜色为#f76400,字体为 Calisto MT,大小为 42 点,可通过"切换字符和段落"面板改变行间距等,如图 2.13-24 中红色圆圈处。右击,选择"文字图层"→"混合选项"命令,勾选"内发光""外发光""斜面和浮雕",且设置外发光颜色为白色。调整文字位置使之与背景重合。再使用"横排文字工具"完善其他文字,如图 2.13-25、图 2.13-26 所示。

图 2.13-24 文字设置

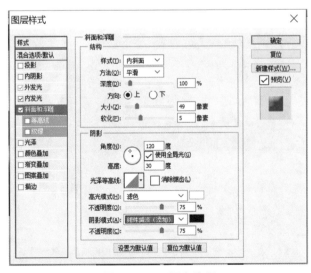

图 2.13-25 混合选项

图 2.13-26　完成文字

12. 将"渐变背景"图层前的眼睛图标点开将该图层显示，选择"渐变背景"图层，使用"减淡工具"，选择边缘柔和的画笔，将画笔大小调整为 420px 左右。在女人轮廓周围擦拭，出现边缘变浅效果，完成后删除"背景"图层，如图 2.13-27～图 2.13-29 所示。

图 2.13-27　减淡工具

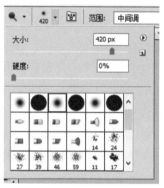

图 2.13-28　大小调整

图 2.13-29　完成效果示意图

13. 单击菜单“文件”→“存储”命令，保存文件为 Photoshop.psd，大小不超过 2MB，如图 2.13-30 所示。

图 2.13-30　存储

2.14　案例 13：千岛湖门票

示例效果图如图 2.14-1 所示。

图 2.14-1　效果图

【操作要点】

1. 打开 Photoshop CS5，选择菜单中的“文件”→“打开”命令，打开效果图 Photoshop.jpg、杭州.jpg、千岛湖图片.jpg，如图 2.14-2 所示。以 Photoshop.jpg 图片为参考基准图，方便之后的取色与位置调整等操作。

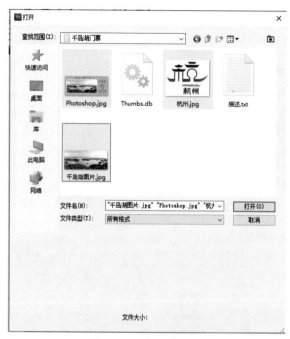

图 2.14-2 打开效果图

2. 创建"蓝色底板"图层，用"吸管工具"吸取背景颜色，如图 2.14-3 所示。

图 2.14-3 创建"蓝色底板"图层

3. 用"矩形选框工具"，选择所有范围，单击菜单"编辑"→"填充"命令，设置"使用"为"前景色"，单击菜单"选择"→"取消选择"命令，如图 2.14-4 所示。

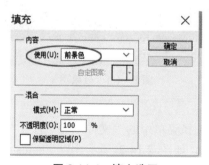

图 2.14-4 填充选区

4. 关闭"蓝色底板"图层的眼睛图标，暂时隐藏该图层。新建"圆角矩形"图层，如图 2.14-5 所示。

图 2.14-5 新建"圆角矩形"图层

5. 选择"圆角矩形"图层，用工具栏中的"圆角矩形工具"框选一个与背景中白色色块同样大小的选框。单击"图层"面板中的"路径"，如图 2.14-6 所示，右击，在弹出的快捷菜单中选择"工作路径"→"建立选区"命令。

图 2.14-6 创建选区

6. 返回"图层"面板，删除"圆角矩形"图层，新建"白色色块"图层，如图 2.14-7 所示。

7. 选择该图层，单击菜单"编辑"→"填充"命令，设置"使用"为"白色"，如图 2.14-8 所示，单击菜单"选择"→"取消选择"命令。

8. 关闭"白色色块"图层的眼睛图标，暂时隐藏该图层。打开"千岛湖图片.jpg"所在文档，用"矩形选框工具"选择所有范围，再用"移动工具"将选区拖进"Photoshop.jpg"文档中。同时按住 Ctrl+T 键，打开自由变换，参照背景进行变换，按回车键应用变换，如图 2.14-9 所示。将图片拖进后产生图层，并命名为"千岛湖图片"。

图 2.14-7　创建"白色色块"图层

图 2.14-8　填充白色色块

9. 打开"杭州.jpg"图片所在文档，单击"选择"→"色彩范围"命令，选择取样颜色为图片中的背景色，即白色，如图 2.14-10 所示。

图 2.14-9　千岛湖图片自由变换

图 2.14-10　选择背景颜色

10. 单击菜单"选择"→"反向"命令，用"移动工具"将选区拖进"Photoshop.jpg"所在的文档，并参照背景移动图案，如图 2.14-11 所示。将图片拖进后产生的图层命名为"杭州"。

11. 用"文字工具"在相应位置输入"岛秀一第下天"，单击"窗口"→"字符"命令，修改字符属性，大小为 20 点，字距为 740，如图 2.14-12 所示。

12. 鼠标右键单击该图层，在弹出的快捷菜单中选择"混合属性"命令，勾选且双击"斜面和浮雕"，"样式"选择"浮雕效果"，"大小"为 10px，完成后勾选"投影"，如图 2.14-13 所示。

图 2.14-11　拖进"杭州"图案

图 2.14-12　修改字体属性

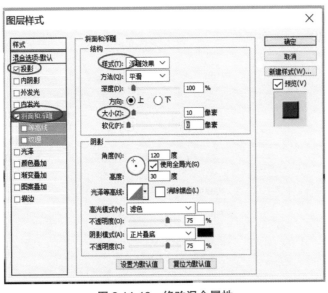

图 2.14-13　修改混合属性

13. 利用"横排文字工具"及字符间距调整，设置其余文字效果，将所有图层左侧的眼睛图标打开，则完成所有效果的设置，如图 2.14-14 所示。

14. 单击菜单"文件"→"存储为"命令，保存文件为 photoshop.psd，大小不超过 2MB，如图 2.14-15 所示。

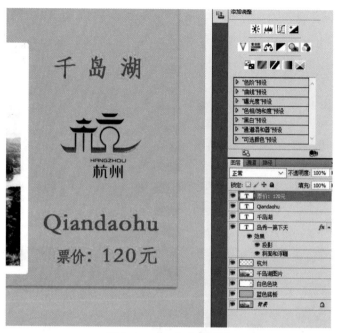

图 2.14-14　文字效果图

图 2.14-15　存储图像

2.15　案例 14：山峰合成

示例效果图如图 2.15-1 所示。

图 2.15-1　效果图

【操作要点】

1. 打开 Photoshop CS5，选择菜单中的"文件"→"打开"命令，同时打开 photoshop.psd、hill.jpg 图片，如图 2.15-2 所示。其中以 photoshop.psd 图片作为基准图进行操作。

2. 将 photoshop.psd 文件中"图层"面板上的"图层 1"重命名为"远景山峰"，如图 2.15-3 所示。

图 2.15-2　打开文件

图 2.15-3　重命名图层

3. 为"远景山峰"图层添加蒙版，并保持蒙版被选中的状态下，将前景色设置为黑色，背景色设置为白色，如图 2.15-4 所示。

4. 选择工具箱中的"渐变工具"，默认状态下由黑色渐变到白色，并保持为线性渐变，如图 2.15-5 所示。

图 2.15-4　添加蒙版并保持选中状态

图 2.15-5　"渐变工具"的选择

5. 在如图 2.15-6 所示的大致位置，使用"渐变工具"在"远景山峰"图层的蒙版中从下往上垂直拖拉，从而出现如图 2.15-7 所示的渐变效果。

图 2.15-6　选区效果图

图 2.15-7　蒙版上使用渐变工具后的效果显示

6. 将第 1 步中打开的素材 hill.jpg 使用快捷键 Ctrl＋A 全选，并使用"移动工具"将整幅图拖动到 photoshop.psd 中。在"图层"面板中将其放置于"远景山峰"图层之下，将此图层重命名为"近景山峰"，如图 2.15-8 所示。

图 2.15-8　hill.jpg 拖放后的图层位置

7. 最终效果如图 2.15-9 所示。单击菜单"文件"→"存储"命令，保存文件为 photoshop. psd，大小不超过 2MB。

图 2.15-9　最终效果图

2.16　案例 15：拉锁

示例效果图如图 2.16-1 所示。

图 2.16-1　效果图

【操作要点】

1. 打开 Photoshop CS5，选择菜单中的"文件"→"打开"命令，同时打开效果图 Photoshop.jpg、拉链.psb，如图 2.16-2 所示。其中以 Photoshop.jpg 图片作为基准图进行操作。

2. 新建图层，并命名为"蓝色色块"，选择"蓝色色块"图层，使用工具栏中的"矩形选框工具"，框选出示例图片左侧蓝色矩形部分，用"吸管工具"吸取背景图的蓝色，单击"编辑"→"填充"命令，设置"使用"为"前景色"。完成后单击"选择"→"取消选择"命令，取消刚才的选区，如图 2.16-3、图 2.16-4 所示。

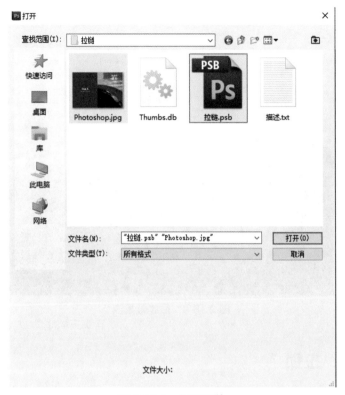

图 2.16-2　打开文件

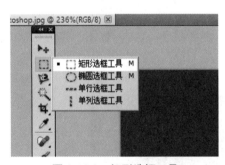

图 2.16-3　矩形选框工具

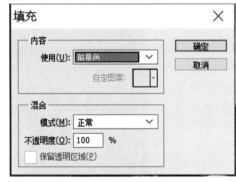

图 2.16-4　填充为前景色

3. 使用"横排文字工具"，输入"D&Y"，选择较粗字体，如"Elephant"，调整文字大小，建议为 6 点，设置颜色为白色。单击"蓝色色块"图标前的眼睛图标将该图层隐藏，使用"移动工具"将文字移动到和背景字一样的位置，如图 2.16-5、图 2.16-6 所示。

图 2.16-5　文字的具体设置

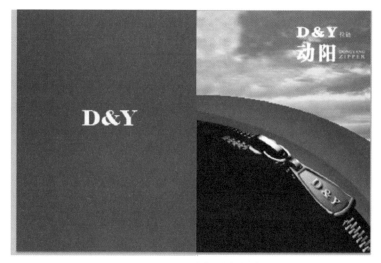

图 2.16-6　文字与蓝色色块

4. 单击"路径"，找到"路径 8"，右击，在弹出的快捷菜单中选择"建立选区"命令，就会生成以路径为边缘的选区如图 2.16-7 所示。使用"吸管工具"，将路径 8 内的颜色吸取作为前景色。新建图层，并命名为"拉锁下方色块"，选择"编辑"→"填充"命令，将该选区填充为前景色，完成后单击菜单"选择"→"取消选区"命令，效果如图 2.16-8 所示。

图 2.16-7　操作路径 8

图 2.16-8　填充示意

图 2.16-9　图层位置

5. 将"拉锁.psb"文件拖入，右击，在弹出的快捷菜单中选择"置入"命令，建议用键盘上的方向键将拉锁移动到正确位置，注意此时的图层位置，如图 2.16-9 所示。

6. 使用"椭圆选框工具"，画一个巨大的正圆或椭圆，调整圆的边缘位置与圆形渐变色块的边缘相似为止，如图 2.16-10 所示。注意移动时只能在画布上操作，在画布外灰色区域操作无效。新建图层，并命名为"渐变色块 1"。

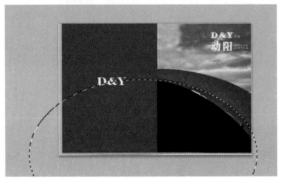

图 2.16-10　巨大的圆与边缘重合

7. 使用"吸管工具"，吸取渐变的深蓝和浅蓝分别作为前景色和背景色，选择"渐变色块 1"图层，使用"渐变工具"，选择"径向渐变"，从下方到圆形边缘或从边缘到下方拉出渐变。由于渐变处深蓝区域较少，单击上方的渐变编辑器将深蓝色范围减少，如图 2.16-11～图 2.16-14 所示。

图 2.16-11　渐变前景色和背景色

图 2.16-12　径向渐变编辑器

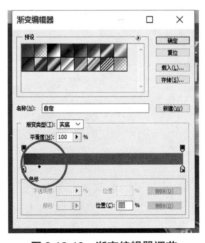

图 2.16-13　渐变编辑器调节

图 2.16-14　完成示意

8. 同理将新建图层命名为"渐变色块 2"，操作同步骤 7 做出后方渐变色块，效果如图 2.16-15 所示。

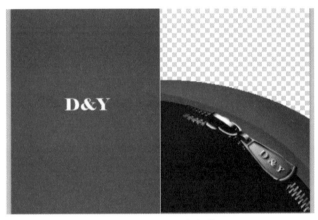

图 2.16-15　两个色块

9. 使用"矩形选框工具"，选择"背景"图层，将天空部分框选，按 Ctrl+C 组合键复制，再按 Ctrl+V 组合键粘贴，建立框选部分的副本，将该图层命名为"天空"。将"背景"图层删除。效果如图 2.16-16 所示。

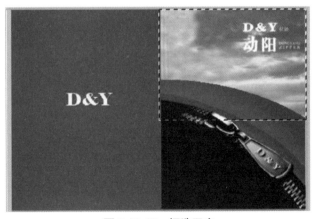

图 2.16-16　框选天空

10. 将眼睛图标点亮显示全部图层。最后使用"横排文字工具"添加其他文字，建议设置"精心制造"字体为"华文中宋"，大小为 2.5 点。最终效果如图 2.16-17 所示。

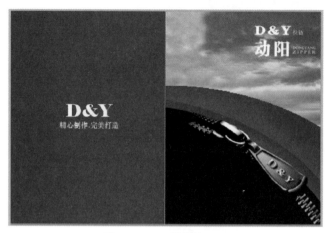

图 2.16-17　最终效果图

11. 单击菜单"文件"→"存储为"命令，保存文件为 Photoshop.psd，大小不超过 2MB，如图 2.16-18 所示。

图 2.16-18　储存

2.17　案例 16：女人花

示例效果图如图 2.17-1 所示。

图 2.17-1　效果图

【操作要点】

1. 打开 Photoshop CS5，选择菜单中的"文件"→"打开"命令，同时打开素材文件 flower.tif、woman.tif，如图 2.17-2 所示。以 flower.tif 图片为参考基准图，方便之后的取色与位置调整等操作。

图 2.17-2　打开素材文件

2. 单击 woman.tif 图片所在文档，用工具栏中的"矩形选框工具"选区整个图形，并用移动工具将选区拖至 flower.tif 图片所在文档，如图 2.17-3 所示。

3. 将拖进选区产生的图层命名为"woman"，并在该图层上创建蒙版，如图 2.17-4 所示。

图 2.17-3　新建选区

图 2.17-4　创建蒙版

4. 用鼠标单击该图层图片，单击"多边形套索工具"，设置"羽化"值为 20px，套选女人的脸，如图 2.17-5 所示。

图 2.17-5　选取女人脸部

5. 单击菜单"选择"→"反向"命令，选取图片中其余部分，如图 2.17-6 所示。

图 2.17-6　反向选择

6. 单击"woman"图层上的蒙版，如图 2.17-7 所示，再单击菜单"编辑"→"填充"命令，设置"使用"为"黑色"，如图 2.17-8 所示。单击菜单"选择"→"取消选择"命令，用"移动工具"将脸部移至合适区域，如图 2.17-9 所示。

图 2.17-7　单击蒙版

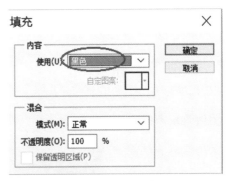

图 2.17-8　填充蒙版

图 2.17-9　移动效果图

7. 单击菜单"文件"→"存储为"命令，保存文件为 photoshop.psd，大小不超过 2MB，如图 2.17-10 所示。

图 2.17-10　存储图像

2.18　案例 17：茶

示例效果图如图 2.18-1 所示。

图 2.18-1　效果图

【操作要点】

1. 打开 Photoshop CS5，选择菜单中的"文件"→"打开"命令，打开效果图 photoshop.jpg，以 photoshop.jpg 图片为参考基准图，方便之后的取色与位置调整等操作，如图 2.18-2 所示。

2. 用工具栏中的"文字工具"输入"茶"，设置字体为华文行楷，字号为 72 点，如图 2.18-3 所示。

图 2.18-2　打开效果图

图 2.18-3　修改文字属性

3. 在选中"茶"图层的前提下，单击菜单"选择"→"载入选区"命令，删除文字图层，如图 2.18-4 所示。

4. 新建"描边"图层，如图 2.18-5 所示。

5. 单击菜单"编辑"→"描边"命令，使用"颜色"为"红色","宽度"为 6px,如图 2.18-6 所示，单击"确定"按钮后再单击菜单"选择"→"取消选择"命令。

图 2.18-4 删除图层

图 2.18-5 新建图层

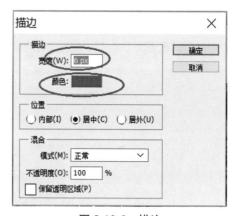

图 2.18-6 描边

6. 右击"描边"图层，在弹出的快捷菜单中选择"混合属性"命令，打开"图层样式"对话框，勾选并双击"投影"，调整"大小"约为 5 像素，如图 2.18-7 所示。

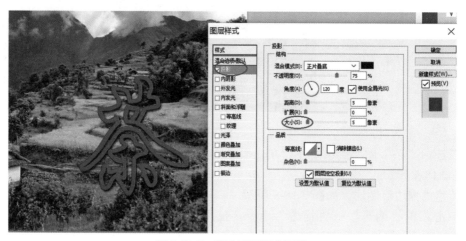

图 2.18-7 修改图层混合属性

7. 单击菜单"文件"→"存储为"命令，保存文件为 photoshop.psd，大小不超过 2MB，如图 2.18-8 所示。

图 2.18-8　存储图像

2.19　案例 18：BBOD 广告

示例效果图如图 2.19-1 所示。

图 2.19-1　效果图

【操作要点】

1. 打开 Photoshop CS5，选择菜单中的"文件"→"打开"命令，打开效果图 Photoshop.jpg，直接操作，如图 2.19-2 所示。

图 2.19-2　打开效果图

2. 新建图层，并命名为"白色背景"，单击菜单"编辑"→"填充"命令，设置"使用"为"白色"，如图 2.19-3 所示。

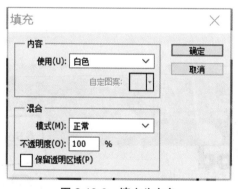

图 2.19-3　填充为白色

3. 选择菜单"文件"→"打开"命令，打开效果图 MP3，使用"魔棒工具"，如图 2.19-4 所示，选择 MP3 旁边的留白区域，并选择"添加到选区"使我们可以选择多块留白，位置同蓝色高亮区域，若单击留白时将 MP3 白色区域选中，则调整"容差"值，将容差数值调小再次选择，建议数值为 10，如图 2.19-5 所示，直到留白区域被精准选择为止，单击菜单"选择"→"反向"命令，将 MP3 区域选中。效果如图 2.19-6 所示。

图 2.19-4　　"魔棒"工具

图 2.19-5　容差的调整　　　　　　　　图 2.19-6　反选后的 MP3

4. 用"移动工具"将 MP3 选区拖到第 1 步打开的文件中，如图 2.19-7 所示。

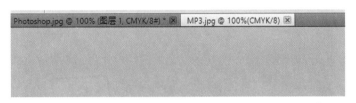

图 2.19-7　移动文件

5. 单击"白色背景"图层前的眼睛图标将图层暂时隐藏，将拖过来的 MP3 图层命名为"MP3"，再将不透明度拉低，如图 2.19-8 所示，选择"MP3"图层，同时按 Ctrl+T 组合键，出现边缘框，按住 Shift 键拉动边缘框上的点调整大小，直到与背景 MP3 重合为止，如图 2.19-9 所示。注意：按住 Shift 键再调整大小可使图片按比例放大或缩小。最后将图层的不透明度调整回 100%。

图 2.19-8　不透明度的调整　　　　　　图 2.19-9　与背景 MP3 重合示例

6. 创建"MP3"图层副本，并命名为"影子"，单击菜单"编辑"→"变换"→"垂直翻转"命令，将它向下移动到合适位置。在"影子"图层中建立蒙版，选择工具栏中的"渐变工具"，直接使用默认的线性渐变，在"影子"蒙版上由上到下或由下到上拉出渐变，做出倒影渐隐效果，如图 2.19-10 所示，注意将"影子"图层拉到"MP3"图层的下面，如图 2.19-11 所示。

图 2.19-10　渐隐的影子　　　　　　　　　图 2.19-11　图层位置

7. 新建图层并命名为"渐变桌面"，选择工具栏中的"矩形选框工具"，比照背景的灰色桌面大小拉出一个矩形，如图 2.19-12 所示。

图 2.19-12　矩形选区

8. 在"背景"图层中用"吸管工具"吸出渐变的灰色和白色作为前景色和背景色，选择"渐变桌面"图层，选择"渐变工具"，使用"线性渐变"，由上到下或由下到上拉出渐变，完成后单击菜单"选择"→"取消选择"命令取消选区，如图 2.19-13 所示。

图 2.19-13　桌面完成示意

　　注意，此时"渐变桌面"图层应在"MP3"图层及"影子"图层的下方，"白色背景"图层的上方，位置如图 2.19-14 所示。

图 2.19-14　图层之间的位置

　　9. 选择工具栏中的"矩形选框工具"，比照背景图片彩色色块矩形部分拉出大小相同的矩形，右击，在弹出的快捷菜单中选择"建立工作路径"命令，如图 2.19-15 所示。

图 2.19-15　建立工作路径

　　10. 选择工具栏中的"钢笔工具"，在三角色块与矩形色块连接的边缘处的路径上添加锚点，在两个锚点之间的线段中再添加一个锚点，如图 2.19-16 所示。

图 2.19-16　添加锚点

11. 点住中间的锚点向下拉到下方顶点位置，选择工具栏中的"转换点工具"，将锚点旁的转换曲率辅助线全部拉到顶点形成直线，如图 2.19-17 和图 2.19-18 所示。

图 2.19-17　曲率转换辅助线

图 2.19-18　形成直线示意

12. 选择路径，右击，在弹出的快捷菜单中选择"建立选区"命令，新建图层，并命名为"彩色色块"。用"吸管工具"在"背景"图层中吸出渐变的紫色和橙色作为前景色和背景色，选择"渐变工具"→"径向渐变"，拉出渐变，根据个人前景色背景色的选择不同可调整为反向，拉出左边的渐变，如图 2.19-19 和图 2.19-20 所示。

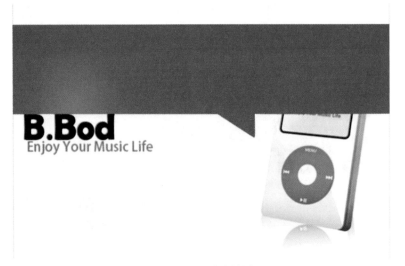

图 2.19-19　左侧渐变

图 2.19-20　根据需要反向

13. 选择工具栏中的"矩形选框工具"，再选择"从选区减去"（其位置如图 2.19-21 中蓝色高亮区域）。将左侧渐变框选，便可删去刚做好渐变的选区，如图 2.19-22 所示。

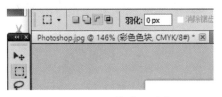

图 2.19-21　从选区减去

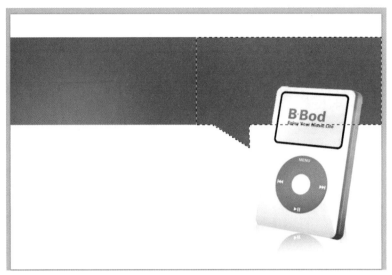

图 2.19-22　减去左侧渐变完成选区

14. 吸取前景色和背景色，再在右侧拉出渐变，操作同步骤 12，如图 2.19-23 所示。

图 2.19-23　渐变完成示意

15. 新建图层，并命名为"五线谱"，将前景色设为白色，选择工具栏中的"铅笔工具"（见图 2.19-24），将大小设置为 2plx，按住 Shift 键，在彩色色块的上方区域拉出直线。注意：将线的起点和终点超出画布，以便后面做变形长度够用。同时按住 Ctrl+Alt+T 组合键，出现线的拷贝图层，用键盘上的向下键将副本向下移出一段距离，再多次同时按 Ctrl+Alt+Shift+T 键，出现多个间隔相等、大小相等的拷贝图层。效果如图 2.19-25 所示。

16. 将 5 条线的图层选中，按住 Shift 键，单击第一个图层和最后一个图层即可选中 5 个图层，合并图层。选择"滤镜"→"扭曲"→"波浪"命令，在打开的对话框（见图 2.19-16）中按需设置参数，选择"类型"为"正弦"，做出波浪效果，如图 2.19-27 所示。

图 2.19-24　铅笔工具

图 2.19-25　五线谱的制作

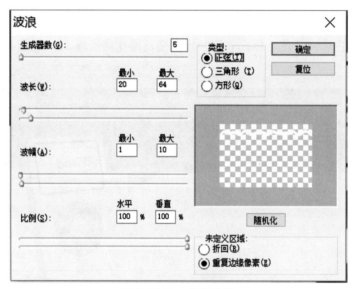

图 2.19-26　参数设置

图 2.19-27　波浪五线谱

17. 选择工具栏中的"自定形状工具"，如图 2.19-28
所示。

18. 在"形状"处可以看到一个八分音符，在图形框旁边
有一个拓展箭头，单击它，并选择"音乐"选项，弹出提问
框，单击"追加"按钮便可得到更多的音符，如图 2.19-29、
图 2.19-30 所示。

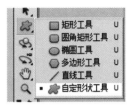

图 2.19-28　自定形状工具

图 2.19-29　拓展箭头的追加符号

图 2.19-30　追加

19. 先添加一个八分音符，在路径处的音符路径上右击，在弹出的快捷菜单中选择"建立选
区"命令。新建图层，并命名为"音乐符号"。选择"音乐符号"图层，单击"编辑"→"填充"
命令，设置"使用"为"白色"，将图层中的"形状 1"删除，如图 2.19-31、图 2.19-32 所示。

图 2.19-31　建立选区

图 2.19-32　形状 1 删除

20. 选择"音乐符号"图层，单击菜单"编辑"→"变换"命令，选择"斜切""扭曲"等，自行调节音乐符号的变形与斜度，效果如图 2.19-33 所示。

图 2.19-33　扭曲的八分音符

21. 在工具栏中选择"自定形状工具"，选择刚才追加的其他样式音符，将路径建立选区，新建图层，并命名为"音符 2"等，再删除形状，操作同步骤 18，按照自己喜好设计音符位置大小，可自行调整透明度等，然后再添加别的音符，步骤同此步，如图 2.19-34、图 2.19-35 所示。

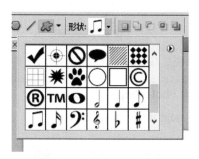

图 2.19-34　追加的音乐符号

图 2.19-35　众多音符

22. 选择不同的音符图层及"五线谱"图层，选择菜单"滤镜"→"模糊"→"高斯模糊"命令，根据自己喜好设置，效果如图 2.19-36 所示。

图 2.19-36　模糊后示意

23. 使用"横排文字工具"，将所需文字"B.Bod""Enjoy Your Music Life"调整好大小、位置、颜色，效果如图 2.19-37 所示。

图 2.19-37　文字完成示意

24. 单击菜单"文件"→"存储为"命令，保存文件为 Photoshop.psd，如图 2.19-38 所示。

图 2.19-38　储存

2.20　案例 19：少年先锋队海报

示例效果图如图 2.20-1 所示。

图 2.20-1　效果图

【操作要点】

1. 打开 Photoshop CS5，选择菜单中的"文件"→"打开"命令，同时打开效果图 Photoshop.jpg、素材 1.jpg、素材 2.jpg、素材 3.jpg、素材 4.jpg、素材 5.jpg、素材 6.jpg、素材 7.jpg、素材 8.jpg 等图片，如图 2.20-2 所示。同时以 Photoshop.jpg 图片为参考基准图，方便之后的取色与位置调整等操作。

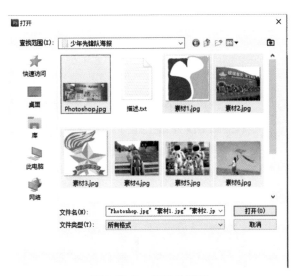

图 2.20-2　打开效果图

2. 新建图层并命名为"背景色"，如图 2.20-3 所示。

3. 用工具栏中的"吸管工具"分别吸取背景中的蓝色和白色，如图 2.20-4 所示。

图 2.20-3　新建图层

图 2.20-4　吸取背景色

4. 单击工具栏中的"渐变工具"，打开渐变编辑器，如图 2.20-5 所示。

图 2.20-5　渐变工具

5. 单击色带左下角色标，用"吸管工具"吸取背景中的蓝色，使得四角颜色都是蓝色，如图2.20-6所示。

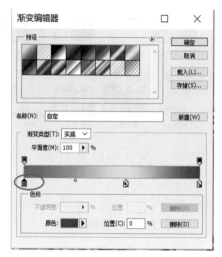

图 2.20-6　四角渐变

6. 在"背景色"图层上从左向右或从右向左水平拖曳，绘制渐变色，如图2.20-7所示。关闭"背景色"图层的眼睛图标，暂时隐藏该图层。

图 2.20-7　绘制渐变色

7. 新建图层并命名为"白色色块"，如图2.20-8所示。

图 2.20-8　新建图层

8. 用"矩形选框工具"选区，选区和背景中白色色块大小相似的选区。单击菜单"编辑"→"填充"命令，设置"使用"为"白色"，如图2.20-9所示，单击菜单"选择"→"取消选择"命令，关闭"白色色块"图层的眼睛图标，暂时隐藏该图层。

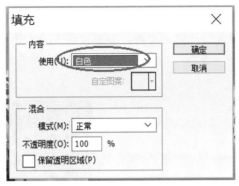

图 2.20-9　填充色块

9. 单击素材 2.jpg 图片所在的文档，用"矩形选框工具"选择整个区域，如图 2.20-10 所示。

图 2.20-10　选区效果

10. 用"移动工具"将选区拖至 photoshop.jpg 图片所在的文档，同时按住 Ctrl+T 键，打开自由变换，参照背景变换大小，按回车键应用变换，如图 2.20-11 所示。

11. 将其拖进图片产生的图层命名为"素材 2"，如图 2.20-12 所示，并关闭该图层的眼睛图标。

图 2.20-11　自由变换

图 2.20-12　命名图层

12. 创建素材 2 图层的副本，如图 2.20-13 所示。

13. 同时按住 Ctrl+T 键，打开自由变换，参照背景变换大小，按回车键应用变换。单击菜单"编辑"→"变换"→"变形"命令，参照背景对该图片进行拖拉，按回车键应用变换，效果如图 2.20-14 所示。

图 2.20-13　创建图层副本　　　　　　　　图 2.20-14　变形效果

14. 再次创建"素材 2 副本"图层的副本，并调整图层顺序，使"素材 2 副本"图层在"素材 2 副本 2"图层的上方，如图 2.20-15 所示。

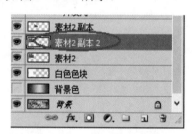

图 2.20-15　创建图层副本

15. 单击菜单"图像"→"调整"→"色相/饱和度"命令，参照背景修改"色相"值约为−146，如图 2.20-16 所示。

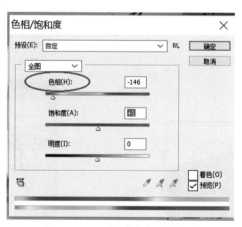

图 2.20-16　调整色相/饱和度

16. 在该图层添加蒙版，如图 2.20-17 所示。用鼠标单击白色蒙版，用黑色"画笔工具"参照背景画去多余部分，设置画笔大小约为 20px 左右，如图 2.20-18 所示。

图 2.20-17　创建蒙版　　　　　　　图 2.20-18　画笔工具

17. 单击素材 3.jpg 图片所在的文档，再单击菜单"选择"→"色彩范围"命令，用"吸管工具"吸取背景中的白色，如图 2.20-19 所示。

图 2.20-19　色彩范围

18. 单击菜单"选择"→"反向"命令，并用"移动工具"将选区拖进至 photoshop.jpg 图片所在的文档，同时按住 Ctrl+T 键，打开自由变换，参照背景变换大小，按回车键应用变换，如图 2.20-20 所示。将拖进图片产生的图层命名为"素材 3"，如图 2.20-21 所示。

图 2.20-20　变换选区

图 2.20-21　命名图层

19. 鼠标右击"素材 3"图层，在弹出的快捷菜单中选择"混合属性"命令，打开"图层样式"对话框，勾选并双击"外发光"，将"大小"设置为 20 像素左右，如图 2.20-22 所示。

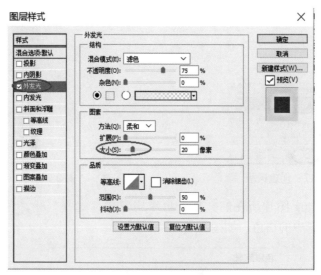

图 2.20-22　修改图层样式

20. 单击素材 4.jpg 图片所在的文档，用"圆角矩形工具"在图片中数字的区域内画一个圆角矩形，设置半径约为 20px，如图 2.20-23 所示。

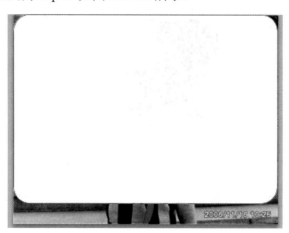

图 2.20-23　圆角矩形工具

图 2.20-24　建立选区

21. 单击"图层"面板上的色"路径"，右击"形状 1 矢量蒙版"，在弹出的快捷菜单中选择"建立选区"命令，如图 2.20-24 所示。

22. 单击"图层"，返回"图层"面板，右击"形状 1"图层，在弹出的快捷菜单中选择"删除图层"，如图 2.20-25 所示。

23. 用"移动工具"将选区移至 photoshop.jpg 图片所在的文档并与背景重合。将拖进图片产生的图层命名为"素材 4"，如图 2.20-26 所示。

图 2.20-25　删除图层

图 2.20-26　命名图层

24. 单击返回素材 4.jpg 图片所在的文档，再单击"选择"→"取消选择"命令，再用工具栏下的"矩形选框工具"选择整个图片，用"移动工具"将选区移至 photoshop.jpg 图片所在的文档，同时按住 Ctrl+T 键，打开自由变换，参照背景变换大小，按回车键应用变换，如图 2.20-27 所示。将拖进图片产生的图层命名为"素材 4 大"，如图 2.20-28 所示。

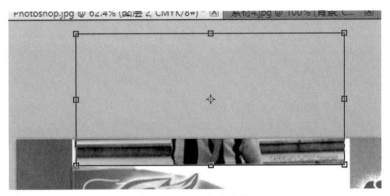

图 2.20-27　自由变换

图 2.20-28　命名图层

25. 单击素材 5.jpg 图片所在文档，用"矩形选框工具"选择图片整个区域，再用"移动工具"将选区拖进至 photoshop.jpg 图片文档，同时按住 Ctrl+T 键，打开自由变换，参照背景变换大小，按回车键应用变换，如图 2.20-29 所示。将拖进图片产生图层命名为"素材5"，如图 2.20-30 所示。

图 2.20-29　应用变换

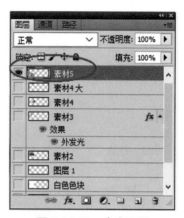

图 2.20-30　命名图层

26. 单击返回素材 5.jpg 图片所在的文档，再单击"选择"→"取消选择"命令，用"圆角矩形工具"在图片的数字的区域内画一个圆角矩形，设置半径约为 20px，如图 2.20-31 所示。

图 2.20-31　圆角矩形工具

图 2.20-32　建立选区

27. 单击"图层"面板上的"路径"，右击"形状 1 矢量蒙版"，在弹出的快捷菜单中选择"建立选区"命令，如图 2.20-32 所示。

28. 单击"图层"，返回"图层"面板，右击"形状 1"图层，在弹出的快捷菜单中选择"删除图层"命令，如图 2.20-33 所示。

29. 用"移动工具"将选区移至 photoshop.jpg 图片所在的文档并与背景重合。将拖进图片产生的图层命名为"素材 5 小"，如图 2.20-34 所示。创建"素材 5 小"副本，并调整图层顺序，如图 2.20-35 所示。

图 2.20-33　删除图层

图 2.20-34　命名图层

图 2.20-35　创建图层副本

　　30. 在该副本上创建蒙版，如图 2.20-36 所示。单击白色蒙版，用工具栏中的"画笔工具"涂抹图片边缘部分，设置画笔颜色为黑色，画笔大小 20px 左右，效果如图 2.20-37所示。

图 2.20-36　创建蒙版

图 2.20-37　蒙版效果

31. 右击该图层，在弹出的快捷菜单中选择"混合属性"命令，打开"图层样式"对话框，勾选并双击"外发光"，设置"大小"约为 3 像素，如图 2.20-38 所示。

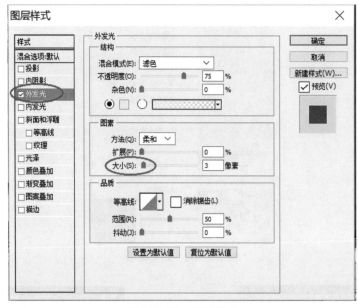

图 2.20-38　图层样式

32. 单击素材 6.jpg 图片所在的文档，用"矩形选框工具"选择整个区域，用"移动工具"将选区拖至 photoshop.jpg 图片所在的文档，移动与背景重合，将移动图片产生的图层命名为"素材 6"，如图 2.20-39 所示。调整图层顺序，使该图层位于"素材 4"图层的下方，并关闭该图层的眼睛图标，暂时隐藏该图层。

图 2.20-39　命名图层

33. 单击素材 8.jpg 图片所在的文档，用"魔棒工具"单击白色背景部分，再单击"添加到选区"按钮，选取剩余白色背景部分，如图 2.20-40 所示。

34. 单击菜单"选择"→"反向"命令，用"移动工具"将选区移至 photoshop.jpg 图片所在的文档并与背景重合，并将移进图片产生的图层命名为"素材 8"，如图 2.20-41 所示。

图 2.20-40　魔棒工具

图 2.20-41　命名图层

35. 单击菜单"图像"→"调整"→"色相/饱和度"命令，参照背景修改"色相"值约为-104，如图 2.20-42 所示。将该图层移至"白色色块"图层的下方。

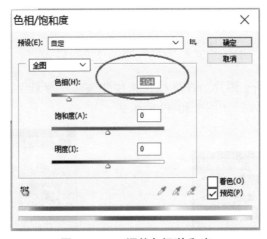

图 2.20-42　调整色相/饱和度

36. 单击打开素材 1.jpg 图片所在文档，按住并拖动"背景"图层至"新建图层"按钮上，创建"背景"图层副本，如图 2.20-43 所示。

37. 单击工具栏中的"铅笔工具"，用大小 2px 左右铅笔沿着树苗画彩色线，效果如图 2.20-44 所示。

图 2.20-43　创建图层副本

图 2.20-44　铅笔工具

图 2.20-45　放大镜

38. 单击工具栏中的"放大镜工具"，放大图片，如图 2.20-45 所示。

39. 单击工具栏中的"魔棒工具"，设置"容差"值约为 10，用"魔棒工具"单击白色背景，并单击"添加到选区"按钮，增加白色区域，如图 2.20-46、图 2.20-47 所示。

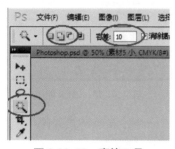

图 2.20-46　魔棒工具

图 2.20-47　选区效果

40. 单击"选择"→"反向"命令，再单击"背景"图层，用"移动工具"将选区移至 photoshop.jpg 图片所在的图层，使之与背景重合。将移进图片产生的图层命名为"素材 1"，如图 2.20-48 所示。

41. 单击打开素材 7.jpg 图片所在文档，按住并拖动"背景"图层至"新建图层"按钮上，创建"背景"图层副本，如图 2.20-49 所示。

图 2.20-48　命名图层

图 2.20-49　创建图层副本

42. 单击打开工具栏中的"铅笔工具"，用大小 2px 左右的铅笔沿着桥的边缘画彩色线，效果如图 2.20-50 所示。

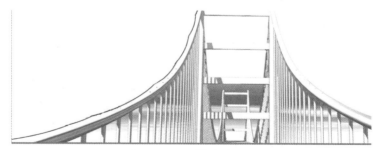

图 2.20-50　描边效果

43. 单击工具栏中的"魔棒工具",设置"容差"值约为 15,用"魔棒工具"单击白色背景,并单击"添加到选区"按钮,增加白色区域,如图 2.20-51、图 2.20-52 所示。

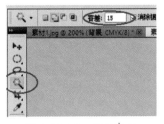

图 2.20-51 魔棒工具

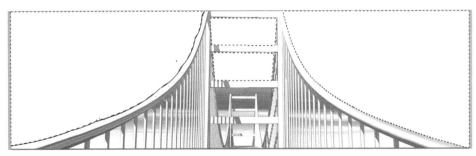

图 2.20-52 选区效果

44. 单击"选择"→"反向"命令,再单击"背景"图层,用"移动工具"将选区移至 photoshop.jpg 图片所在的图层,使之与背景重合。将移进图片产生的图层命名为"素材 7",如图 2.20-53 所示。

45. 用"吸管工具"吸取文字的颜色,如图 2.20-54 所示。

46. 单击工具栏下的"横排文字工具",输入"我们的未来•我们描绘",设置字体为华文隶书,大小为 150 点,颜色为前景色,如图 2.20-55 所示。

图 2.20-53 命名图层

图 2.20-54 吸管工具

图 2.20-55 文字属性

47. 按住并拖动"我们的未来·我们描绘"图层至"新建图层"按钮上，创建文字图层"副本，如图 2.20-56 所示。

48. 单击"创建文字变形"按钮，设置"样式"为"旗帜"，"弯曲"值为−60，如图 2.20-57 所示，再设置字号为 170 点。

图 2.20-56　创建图层副本

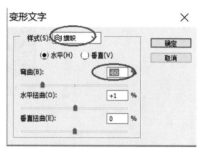

图 2.20-57　变形文字

49. 利用"直排文字工具"及字符间距调整，设置其余文字效果，将所有图层的左侧的眼睛图标打开，调整图层顺序，最终效果如图 2.20-58 所示。

图 2.20-58　最终效果图

50. 单击菜单"文件"→"存储为"命令，保存文件为 Photoshop.psd，大小不超过 2MB，如图 2.20-59 所示。

图 2.20-59　存储图像

第 3 章　Adobe Flash CS5 的使用

3.1　Flash CS5 的主要功能介绍

Flash CS5 的主要功能有以下几点。

1. 矢量绘图

Flash 具有较强的矢量绘图和动画制作功能。其绘制图像质量高，无限放大也不会失真。制作的动画和网页数据量较小。

2. 逐帧动画

逐帧动画在时间帧上逐帧绘制每一帧内容，由于动画是由画一帧一帧地播放所形成的，所以逐帧动画具有非常大的灵活性，但是输出的文件量也很大。

3. 补间动画

补间动画创建方法较为简便，只需要为动画的开始关键帧和结束关键帧创建内容，两个关键帧之间的内容由 Flash 自动生成。补间动画包括形状补间和运动补间。

4. 遮罩动画

在运动过程中，以遮罩图层的区域来显示被遮罩图层的内容。通过遮罩可以产生渐隐渐现、颜色过渡等效果。

5. 交互动画

交互动画是指在动画作品播放时支持事件响应和交互功能的一种动画。动画播放时可以接受某种控制，比如开始、暂停。

3.2　案例 1：草地风车

请按照下列要求完成如"效果.swf"所示的效果。

1. 新建 flash.fla 文件。
2. 利用资源素材文件，参考"效果.swf"，完成如"效果.swf"所示的效果。

3. 保存结果为 flash.fla 文件，并以 flash.swf 为名导出影片到相应文件夹中。

【操作要点】

1. 打开 Flash CS5，选择"新建"→"ActionScript 3.0"命令，新建文件，进入场景 1，界面如图 3.2-1 所示。

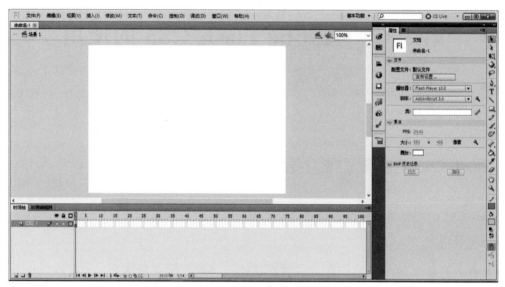

图 3.2-1　新建场景 1

2. 选择"文件"→"导入"→"导入到库"命令，如图 3.2-2 所示。

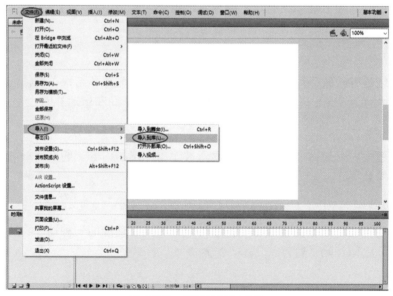

图 3.2-2　将元件导入到库

3. 按住 Ctrl 键，同时选择考生文件夹下的"草地""风车"两个文件，并导入到库中，如图 3.2-3 所示。

4. 选择库中的"草地"元件，将草地图片拖入舞台上，为使底图图片与舞台大小吻合，回到"属性"面板下观察草地图片大小，如图 3.2-4 所示。

图 3.2-3　导入素材文件

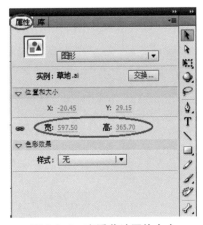

图 3.2-4　查看草地图片大小

5. 因为草地图片中下方的草地比云彩要窄，所以修改舞台大小时，需在原来草地图片宽度的基础上适当减小。先用鼠标单击一下舞台空白处，再选择菜单"修改"→"文档"命令，如图 3.2-5 所示。

图 3.2-5　修改文档

6. 修改文档"尺寸"为 550 像素（宽度）×365 像素（高度），并将"背景颜色"改为蓝色，如图 3.2-6 所示。

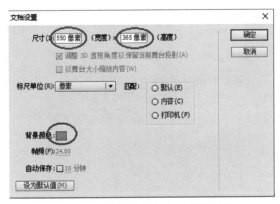

图 3.2-6　修改文档大小及背景颜色

7. 回到场景 1 的操作界面，将库中的"底图"元件拖到画布上，并调整草地位置，使画布被完全覆盖。效果如图 3.2-7 所示。

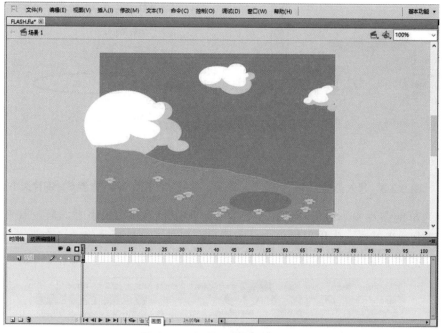

图 3.2-7　将草地覆盖至画布上

8. 双击"时间轴"面板中的"图层 1"，将它重命名为"底图"，如图 3.2-8 所示。

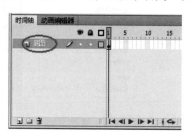

图 3.2-8　图层重命名

9. 选择菜单栏中的"插入"→"新建元件"命令，如图 3.2-9 所示。

图 3.2-9　新建元件

10. 元件"类型"选择"影片剪辑","名称"设为"滚动的风车",如图 3.2-10 所示。

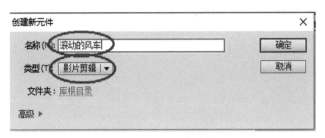

图 3.2-10　元件编辑

11. 进入元件编辑界面后,将工具栏中的"笔触颜色"改成淡黄色,将"填充颜色"改为肉色,如图 3.2-11 所示。

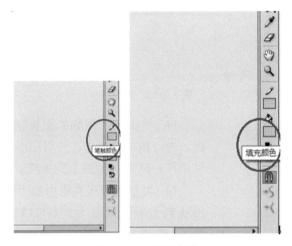

图 3.2-11　修改颜色

12. 选择工具栏中的"矩形工具",在舞台上画出风车杆,如图 3.2-12、图 3.2-13 所示。

图 3.2-12　矩形工具

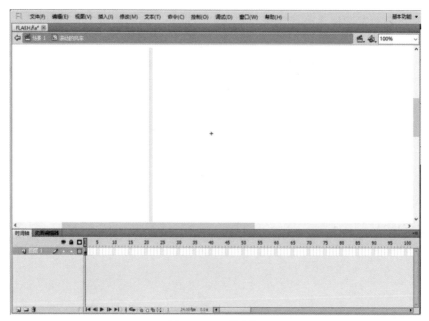

图 3.2-13　风车杆

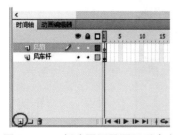

图 3.2-14　新建图层及图层重命名

13. 单击"时间轴"面板左下角的"新建图层"按钮，进行图层的新建，并将图层 1 与图层 2 分别命名为风车杆和风扇，如图 3.2-14 所示。

14. 再次选择工具栏中的"矩形工具"，在舞台上画出适当大小的风扇（大小可以通过按住 Q 键后进行调节），选择工具栏中的"选择工具"，双击风扇的外框线，按 Delete 键，将外框线删去，如图 3.2-15 所示。

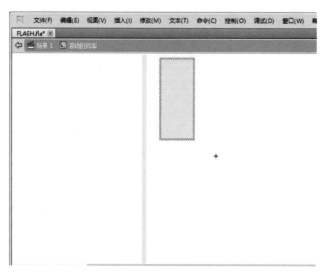

图 3.2-15　删除外框线

15. 把风扇移动到风扇杆的恰当位置处，按住 Ctrl+G 组合键将它们进行组合，为了方便观察，将窗口大小调节成 50%。效果如图 3.2-16 所示。

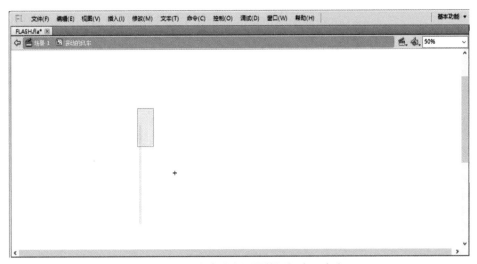

图 3.2-16　移动风扇位置并调解窗口大小

16. 选择"颜色"面板，将风扇的 Alpha 值调成 50%，如图 3.2-17 所示。

图 3.2-17　调节风扇透明度

17. 回到舞台上，单击风扇，按 Ctrl+C 组合键对风扇进行复制，再按 Ctrl+V 组合键粘贴，然后将复制后的风扇移动到风扇杆下方的恰当位置处，如图 3.2-18 所示。

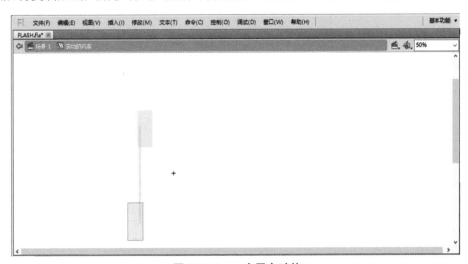

图 3.2-18　一个风车叶片

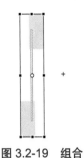

图 3.2-19 组合

18. 用光标将该风扇叶片框中，按 Ctrl+G 组合键，将风车杆和风扇进行组合，如图 3.2-19 所示。

19. 按 Ctrl+C 组合键对风扇叶片进行复制，再按 Ctrl+Shift+V 组合键进行原位粘贴。将光标移到矩形的右上角，出现弧形箭头时，对风扇叶片进行旋转。效果如图 3.2-20 所示。

20. 同样地，将该完整的风车全部选中后，按 Ctrl+G 组合键进行组合，如图 3.2-21 所示。

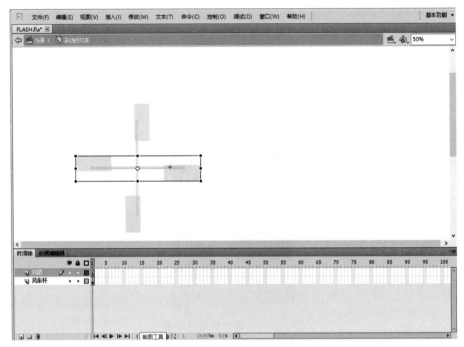

图 3.2-20 旋转后的风扇叶片

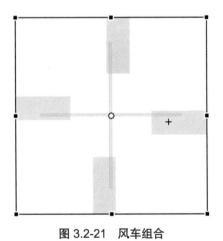

图 3.2-21 风车组合

21. 再选择"风扇杆"图层中的风扇杆，按 Ctrl+C 组合键对该图层中的风车杆进行复制，选择"风扇"图层，再按 Ctrl+Shift+V 组合键进行原位粘贴，如图 3.2-22 所示。

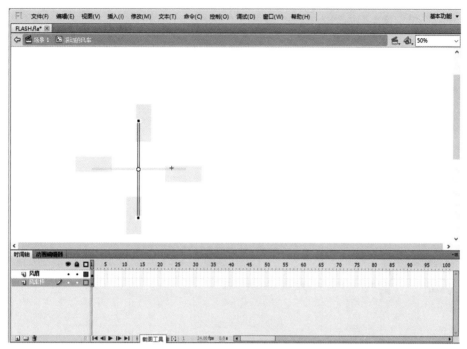

图 3.2-22　粘贴风扇杆

22. 选择第 48 帧，右击，在弹出的快捷菜单中选择"转换为关键帧"命令，如图 3.2-23 所示。

图 3.2-23　转换为关键帧

23. 选择"风扇"图层的第一帧，右击，在弹出的快捷菜单中选择"创建传统补间"命令，如图 3.2-24 所示。

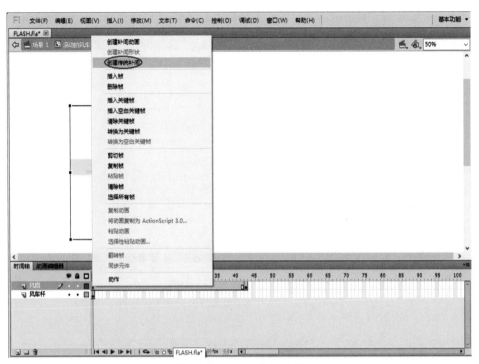

图 3.2-24　创建传统补间

24. 回到"属性"面板中，选择"顺时间"旋转模式，如图 3.2-25 所示。

图 3.2-25　选择旋转模式

25. 回到场景 1 编辑界面，将库中的风车元件拉入草地上。回到"属性"面板中，使用鼠标对风车的大小进行改动，并用"选择工具"调整风车的位置，从库中拖入做好的"滚动的风车"元件，如图 3.2-26、图 3.2-27 所示。

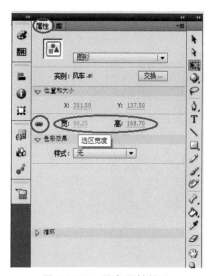

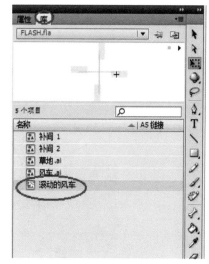

图 3.2-26　风车属性修改　　　　　　　　图 3.2-27　拖动元件

26. 同样对滚动的风车的大小与位置进行上述操作，效果如图 3.2-28 所示。

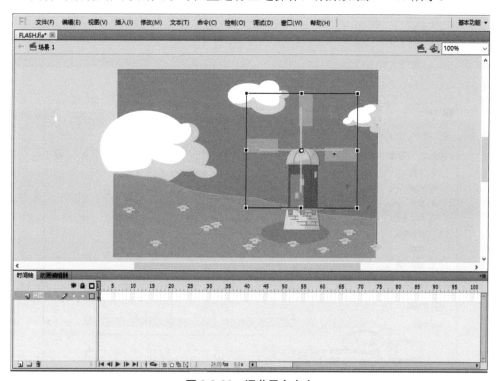

图 3.2-28　调节风车大小

27. 重复上述操作，再做出一个小型的风车。当将光标放至矩形外框出现弧形箭头时，对小风扇的角度进行适当调整，效果如图 3.2-29 所示。

28. 同时按 Ctrl+Enter 键，可观看影片效果。

29. 单击菜单"文件"→"另存为"命令，保存文件名为 flash.fla，"保存类型"选择"Flash CS5 文档"，保存到相应文件夹中，如图 3.2-30 所示。

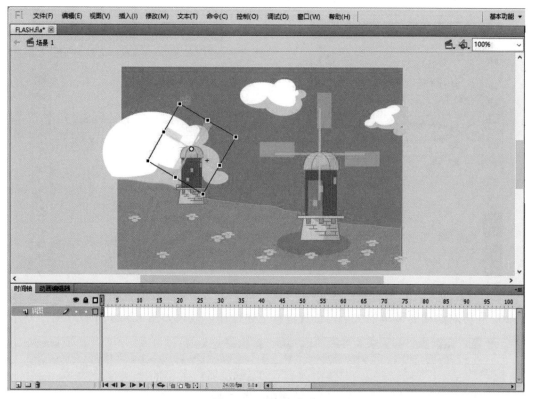

图 3.2-29　两个风车

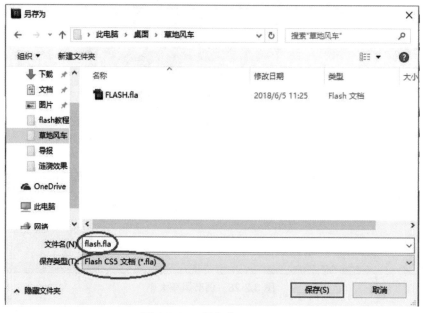

图 3.2-30　另存为 flash.fla

30. 在菜单栏的"文件"下，选择"文件"→"导出"→"导出影片"命令，将"文件名"命名为 flash.swf，设置"保存类型"为"SWF 影片"，保存到相应文件夹中，如图 3.2-31、图 3.2-32 所示。

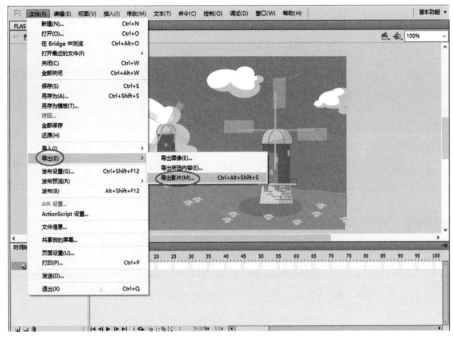

图 3.2-31　导出影片

图 3.2-32　导出 flash.swf 格式

3.3　案例 2：超人

文件夹下有一个 flash.fla 文件，请按如下要求，完成如文件 flash.gif 所示的效果。

1. 打开 flash.fla 文件。

2. 利用 flash.fla 文件中的资源，参照 flash.gif 文件，完成如文件 flash.gif 所示的效果。

3. 保存操作结果为 flash.fla 文件，并以 flash.swf 为名导出影片到相应文件夹中。效果图如图 3.3-1 所示。

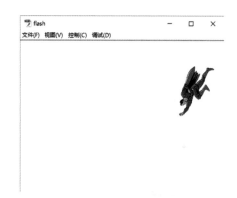

图 3.3-1　效果图

【操作要点】

1. 打开考生文件夹中的 flash.fla 文件，进入如图 3.3-2 所示界面。

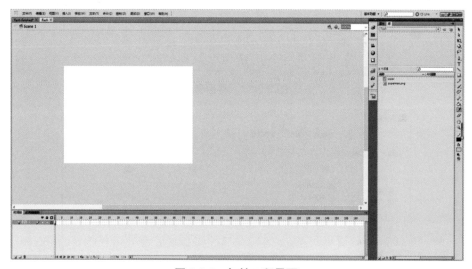

图 3.3-2　初始工程界面

2. 右击"图层 1"，在弹出的快捷菜单中选择"添加传统运动引导层"命令，如图 3.3-3、图 3.3-4 所示。

图 3.3-3　添加传统运动引导层

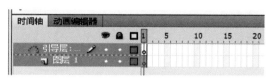

图 3.3-4　添加完成

3. 选择"引导层"的第 1 帧，选择工具栏中的"线条工具"，如图 3.3-5 所示，在场景中画出一条如图 3.3-6 所示直线。

图 3.3-5　直线工具

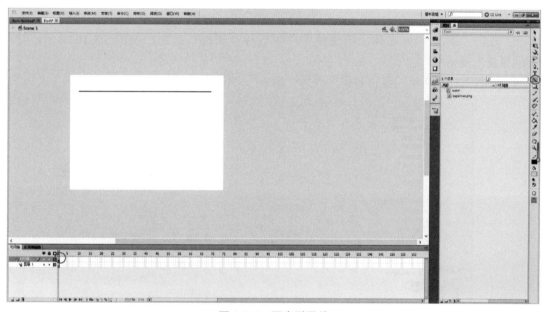

图 3.3-6　画出引导线

4. 选择右侧工具栏中的"选择工具"，如图 3.3-7 所示，将光标贴近直线中心，当出现弧度标志时单击拉住直线并下拉，使直线成为一条如图 3.3-8 所示弧线。

图 3.3-7　选择工具

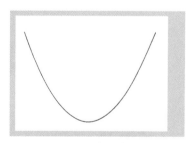

图 3.3-8　直线变弧线

5. 选择"引导线"图层的第 65 帧，右击，在弹出的快捷菜单中选择"插入帧"命令，如图 3.3-9 所示。

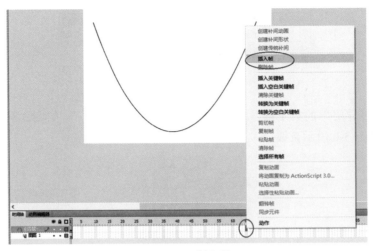

图 3.3-9　插入帧

6. 右击 "图层 1"，在弹出的快捷菜单中选择 "属性" 命令，如图 3.3-10 所示，打开 "图层属性" 对话框。

7. 如图 3.3-11 所示，将 "名称" 改为 "超人"，并单击 "确定" 按钮。

图 3.3-10　属性修改

图 3.3-11　重命名图层

8. 如图 3.3-12 所示，选择 "超人" 图层的第 1 帧，单击右侧 "库" 中的 "super" 图形，将其拖入场景。

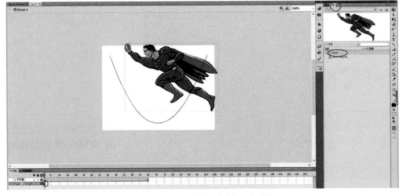

图 3.3-12　置入素材至场景

9. 选择右侧工具栏中的"任意变形工具",如图 3.3-13 所示,把光标移到对角线处,当光标形状变为 ↻ ,即可调整角度。把光标移到角落黑色方块处,在按住 Shift 键的同时拉动黑色方块,进行等比例缩放操作。直至达成如图 3.3-14 所示效果。

10. 如图 3.3-15 所示,将"超人"图像中心的白色圆形轴点拖动至引导线的顶端。

图 3.3-13　任意变形工具　　　图 3.3-14　变换图形大小与位置　　　图 3.3-15　拖动轴点

11. 选择"超人"图层的第 65 帧,右击,在弹出的快捷菜单中选择"转换为关键帧"命令,如图 3.3-16 所示。

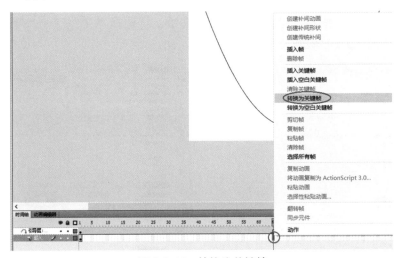

图 3.3-16　转换为关键帧

12. 选择"超人"图层的第 65 帧,将"超人"图像移动至图 3.3-17 所示位置,白色圆形轴心点应移动至引导线的末端。

图 3.3-17　移动图像

13. 选择"超人"图层的第 1 帧到第 65 帧间的任意一帧，右击，在弹出的快捷菜单中选择"添加传统补间"命令，如图 3.3-18 所示。

14. 按 Ctrl+Enter 组合键可观看影片效果，最终效果如图 3.3-19 所示。

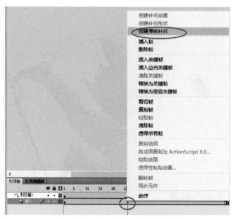

图 3.3-18　添加传统补间

图 3.3-19　最终效果

15. 选择菜单栏中的"文件"→"另存为"命令，如图 3.3-20 所示，将文件储存为flash.fla，单击"保存"按钮，保存在相应文件夹中，再选择"文件"→"导出"→"导出影片"命令，如图 3.3-21 所示。

图 3.3-20　另存为 flash.fla

图 3.3-21　导出影片

16. 设置"文件名"为 flash.swf，单击"保存"按钮，保存在相应文件夹中，如图 3.3-22所示。

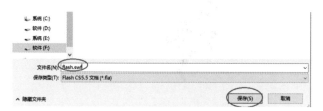

图 3.3-22　存储为 swf 格式

3.4　案例 3：处女座星辰

请按照下列要求完成如"效果.swf"所示的效果。

1. 新建 flash.fla 文件。

2. 利用资源素材文件，参考"效果.swf"，完成如"效果.swf"所示的效果。

3. 保存结果为 flash.fla 文件，并以 flash.swf 为名导出影片到相应文件夹中。

【操作要点】

1. 打开 Flash CS5，选择"新建"→"ActionScript3.0"命令，新建文件，进入场景 1，界面如图 3.4-1 所示。

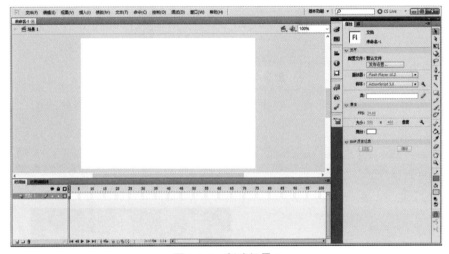

图 3.4-1　新建场景 1

2. 单击菜单"文件"→"导入"→"导入到库"命令，如图 3.4-2 所示。

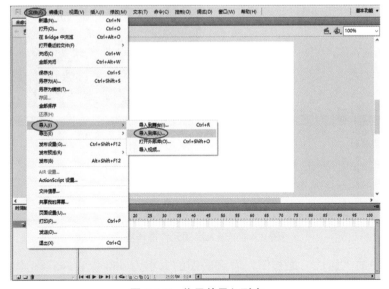

图 3.4-2　将元件导入到库

3. 按住 Ctrl 键，同时选择考生文件夹下的"处女座""底图""星星""星座"4 个文件，将它们导入到库中，如图 3.4-3 所示。

图 3.4-3 文件导入库中

4. 选择库中的"底图"元件，双击底图图片，进入底图元件的操作界面，如图 3.4-4 所示。

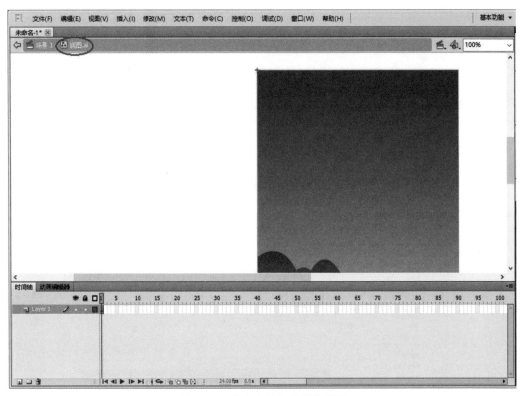

图 3.4-4　进入底图元件操作界面

5. 回到库中的"属性"面板下，看到底图的大小为 400 像素×578.1 像素，如图 3.4-5 所示。

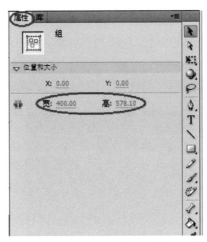

图 3.4-5　查看底图属性

6. 单击菜单栏"修改"下的"文档"命令，如图 3.4-6 所示。

图 3.4-6　修改文档

7. 修改文档尺寸为 400 像素（宽度）×578 像素（高度），如图 3.4-7 所示。

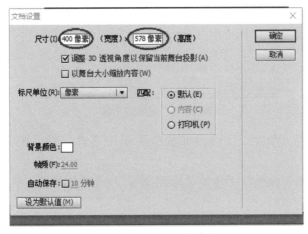

图 3.4-7　修改文档大小

8. 回到场景 1 的操作界面，将库中的"底图"元件拖到画布上，可以按键盘上的方向键，对底图的位置进行移动，使画布被完全覆盖。效果如图 3.4-8 所示。

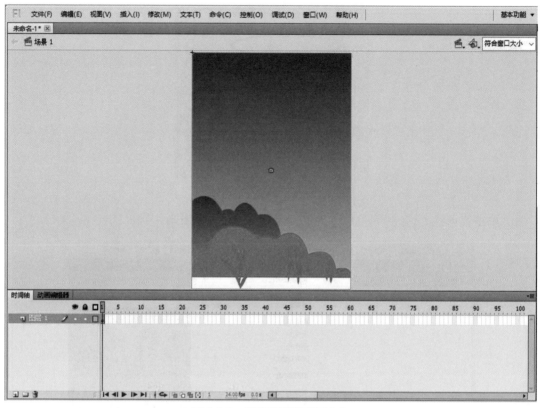

图 3.4-8　将底图覆盖至画布上

9. 双击"时间轴"面板中的"图层 1"，重命名为"底图"，如图 3.4-9 所示。

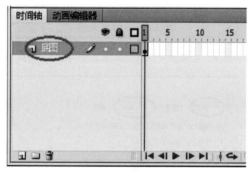

图 3.4-9　图层重命名

10. 选择第 90 帧，右击，在弹出的快捷菜单中选择"插入帧"命令，如图 3.4-10 所示。

11. 单击"时间轴"面板左下角的"新建图层"，新建图层 2，双击图层 2 并重命名为"星座"，如图 3.4-11 所示。

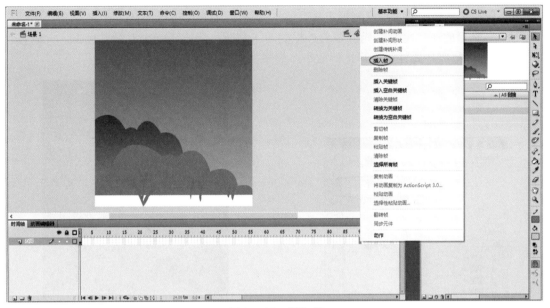

图 3.4-10　插入帧

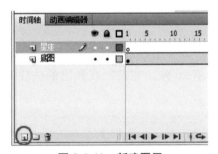

图 3.4-11　新建图层

12. 选择"星座"图层的第 1 帧，到库中找到"星座"元件。将库中的"星座"图片拖到底图的恰当位置上，如图 3.4-12、图 3.4-13 所示。

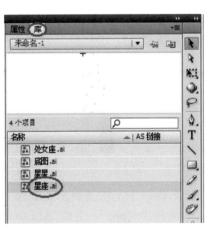

图 3.4-12　"星座"元件

图 3.4-13　将"星座"元件放入场景 1 中

13. 选择工具栏中的"任意变形工具",对"星座"的大小进行调整,如图 3.4-14 所示。

14. 将光标放在"星座"元件矩形外框的右下角时,会出现一个双箭头标志,此时按住 Shift 键,将"星座"元件进行等比例放小。效果如图 3.4-15 所示。

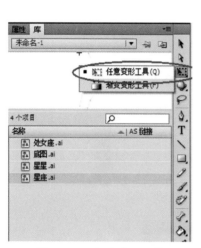

图 3.4-14　任意变形工具

图 3.4-15　变小后的星座

15. 选择"星座"图层的第 90 帧,右击,在弹出的快捷菜单中选择"转换为关键帧"命令,如图 3.4-16 所示。

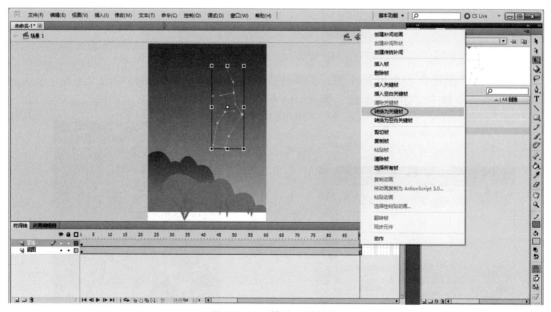

图 3.4-16　转换为关键帧

16. 选择"星座"图层的第 1 帧,并用鼠标单击一下场景 1 上的星座矩形框架,再到"库"面板的"属性"面板下找到"色彩效果","样式"选择"Alpha",并将 Alpha 的值调整为 0。第 90 帧 Alpha 的值仍为 100,如图 3.4-17 所示。

图 3.4-17　调整 Alpha 值

17. 选择"星座"图层的第 1 帧，右击，在弹出的快捷菜单中选择"创建传统补间"命令，如图 3.4-18 所示。

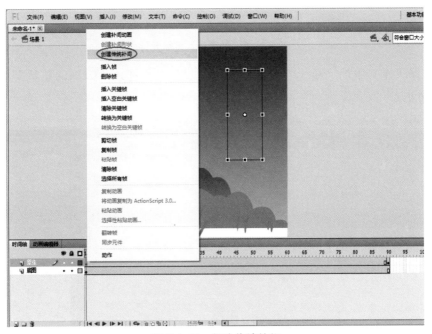

图 3.4-18　创建传统补间

18. 新建图层 3，双击"图层 3"，将"图层 3"重命名为"群星 1"，如图 3.4-19 所示。

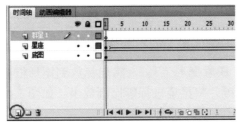

图 3.4-19　新建图层

19. 单击菜单栏下的"插入"→"新建元件"命令，将元件 1 重命名为"闪烁的星星"，"类型"选择"影片剪辑"，如图 3.4-20、图 3.4-21 所示。

图 3.4-20　新建元件

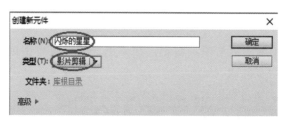

图 3.4-21　创建影片剪辑元件

20. 选择"库"中的"星星"元件，将"星星"元件拖入"闪烁的星星"场景中，如图 3.4-22 所示。

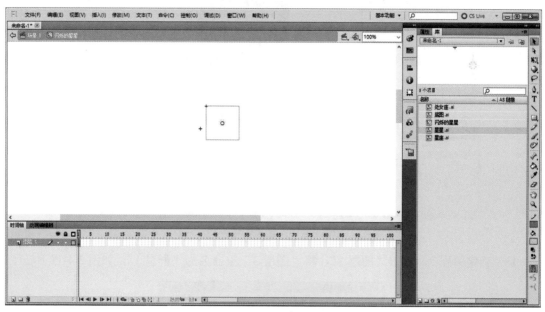

图 3.4-22　编辑闪烁的星星

21. 使用工具栏中的"任意变形工具"，将光标放到矩形框架右下角时，会出现一个双箭头符号，此时按住 Shift 键，将星星进行等比例放小，如图 3.4-23 所示（为了更美观，建议将星星大幅度变小）。

图 3.4-23　缩小星星

22. 选择图层 1 的第 50 帧，右击，在弹出的快捷菜单中选择"插入关键帧"命令，如图 3.4-24 所示。

图 3.4-24　插入关键帧

23. 选择第 25 帧，右击，在弹出的快捷菜单中选择"插入关键帧"命令，并对场景中的星星进行适当的等比例放大。效果如图 3.4-25 所示。

图 3.4-25　等比例放大星星

24. 选择图层 1 的第 1 帧，右击，在弹出的快捷菜单中选择"创建传统补间"命令，同样地，在第 25 帧处也创建传统补间，如图 3.4-26、图 3.4-27 所示。

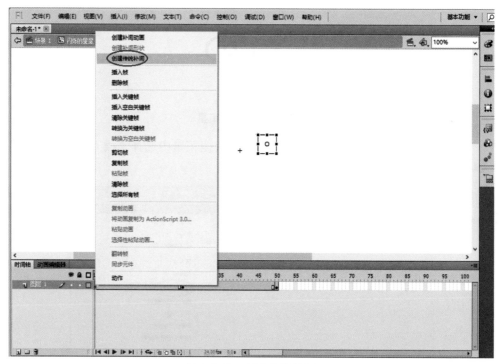

图 3.4-26　创建传统补间

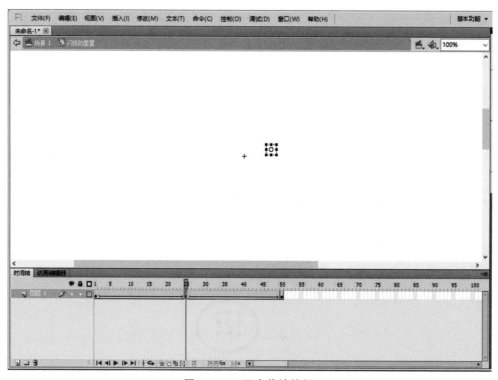

图 3.4-27　两个传统补间

　　25. 选择第 1 帧，鼠标单击场景中星星的矩形框架，到"属性"面板中选择"色彩效果"，"样式"选择"Alpha"，将 Alpha 值调为 0，如图 3.4-28 所示。

图 3.4-28　调整 Alpha 值

26. 重复上面操作，将第 50 帧的 Alpha 值调为 0，第 25 帧的 Alpha 值改为 100，制造出群星淡出淡入的效果。

27. 单击左上角的场景 1，回到场景 1 的操作界面中。选择"群星 1"图层的第 20 帧，右击，在弹出的快捷菜单中选择"插入关键帧"命令，再将库中的"闪烁的星星"多次拖到底图上，形成群星 1 效果。效果如图 3.4-29 所示。

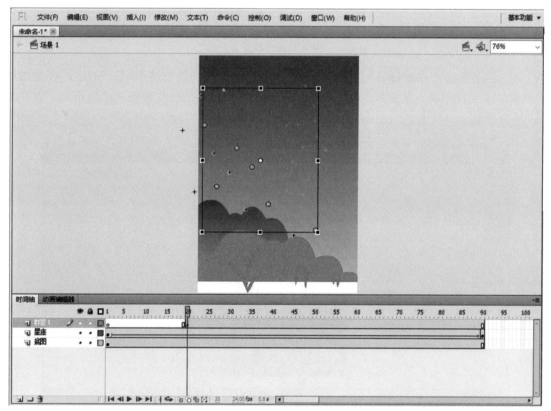

图 3.4-29　群星 1

28. 新建图层，将图层重命名为"群星 2"，选择第 30 帧，右击，在弹出的快捷菜单中选择"插入关键帧"命令，同样将库中的"闪烁的星星"多次拖到底图不同位置上，形成群星 2 效果，效果如图 3.4-30 所示。

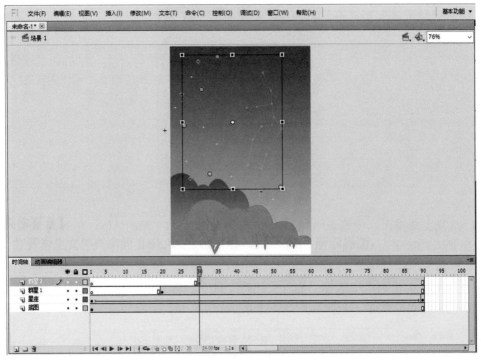

图 3.4-30　群星 2

29. 新建图层，并重命名为"星座上的星星"，选择该图层的第 40 帧，右击，在弹出的快捷菜单中选择"插入关键帧"命令，依次将库中的星星拖到处女座的每个圆点上。效果如图 3.4-31 所示。

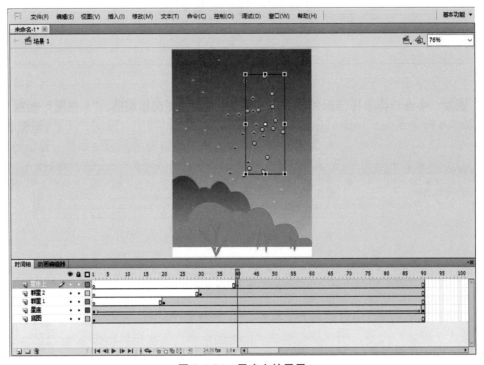

图 3.4-31　星座上的星星

172

30. 新建图层，将图层重命名为"处女座"，再到库中找到"处女座"元件，如图 3.4-32 所示。

31. 将处女座图片拖到场景 1 中，放置在恰当位置处，再使用工具栏中的"任意变形工具"，如图 3.4-33 所示，对处女座的大小进行调整，同时选择"选择工具"，如图 3.4-34 所示，调整处女座与星座的相应位置，使之达到如图 3.4-35 所示的位置效果。

图 3.4-32　处女座元件

图 3.4-33　任意变形工具

图 3.4-34　选择工具

图 3.4-35　调整处女座的大小和位置

32. 选择"处女座"图层的第 80 帧，同时鼠标单击一下场景中的处女座的矩形框架，到"属性"面板中选择"色彩效果"，"样式"选择"Alpha"，将 Alpha 值调为 0，如图 3.4-36 所示。

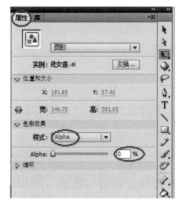

图 3.4-36　调整 Alpha 值

33. 选择"处女座"图层的第 90 帧，右击，在弹出的快捷菜单中选择"插入关键帧"命令，同样鼠标单击场景中处女座的矩形框架，到"属性"面板中将 Alpha 值调回到 100，如图 3.4-37 所示。

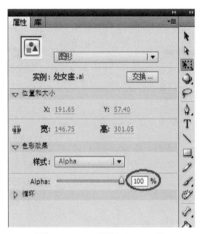

图 3.4-37　调整 Alpha 值

34. 选择"处女座"图层的第 80 帧，右击，在弹出的快捷菜单中选择"创建传统补间"命令。效果如图 3.4-38 所示。

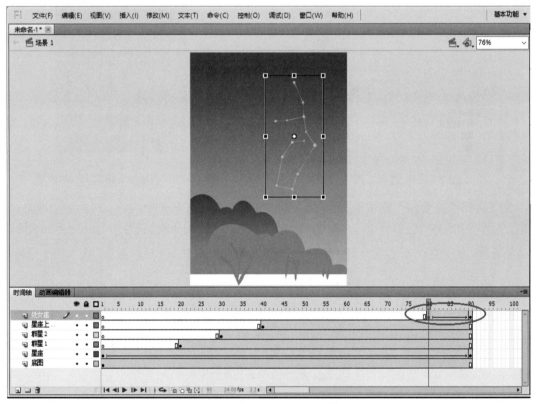

图 3.4-38　处女座的淡入效果

35. 新建图层，将图层重命名为"画面持续"，选择第 90 帧，右击，在弹出的快捷菜单中选择"转换为空白关键帧"命令，如图 3.4-39 所示。

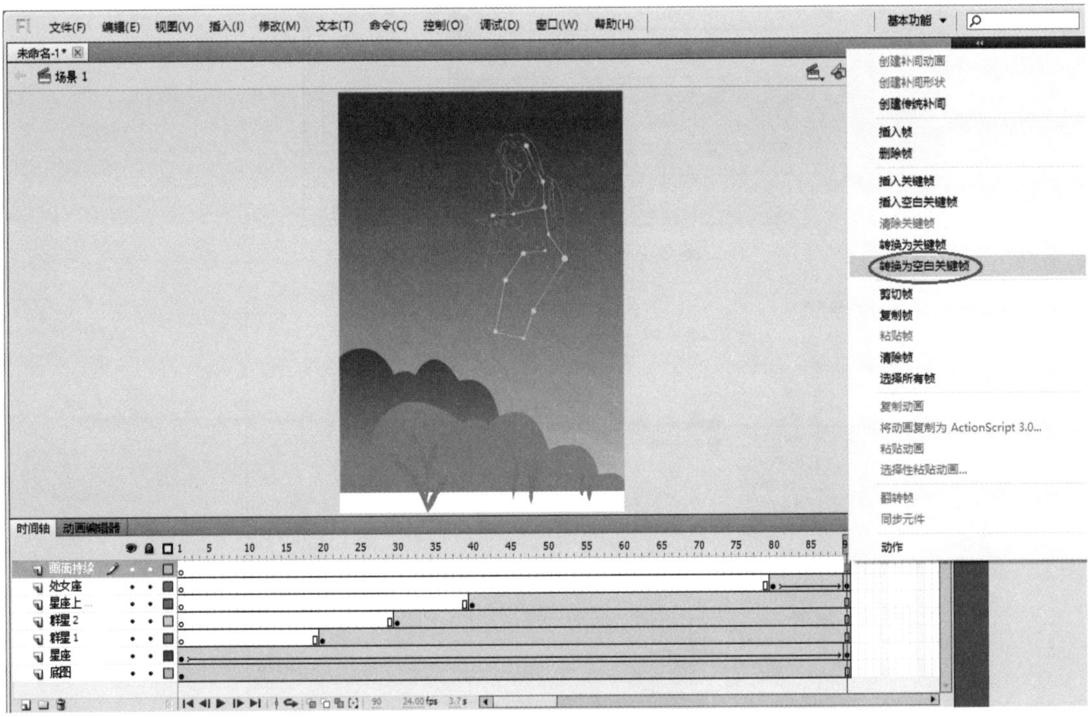

图 3.4-39　转换为空白关键帧

36. 选择第 90 帧，此时按住 F9 键，画面将会跳出画面持续编辑窗口，输入"stop();"，如图 3.4-40 所示。

图 3.4-40　画面持续编辑窗口

37. 此时可观察到第 90 帧的位置出现如图 3.4-41 所示的标记，表示画面持续操作成功。同时按 Ctrl+Enter 键，可观看影片效果。

38. 单击菜单"文件"→"另存为"命令，保存文件名为 flash.fla，"保存类型"选择"Flash CS5 文档"，保存到相应文件夹中，如图 3.4-42 所示。

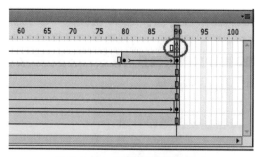

图 3.4-41 画面持续操作成功

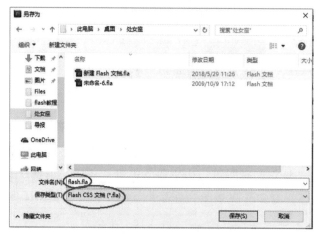

图 3.4-42 另存为 flash.fla

39. 单击菜单"文件"→"导出"→"导出影片"命令，如图 3.4-43 所示，将"文件名"命名为 flash.swf，"保存类型"设为"SWF 影片"，保存到相应文件夹下，如图 3.4-44 所示。

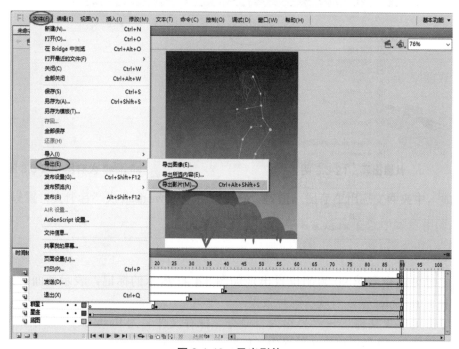

图 3.4-43 导出影片

图 3.4-44　导出为 flash.swf

3.5　案例 4：三维地球

　　在文件夹下有效果.swf 和相关素材文件，请按照下列要求完成如文件"效果.swf"所示的效果。

　　1. 新建 flash.fla 文件。

　　2. 利用资源素材文件，参考"效果.swf"，完成如"效果.swf"所示的效果。

　　3. 保存结果为 flash.fla 文件，并以 flash.swf 为名导出影片到相应文件夹中。

【操作要点】

　　1. 打开 Flash CS5，选择"新建"→"ActionScript3.0"命令，新建文件，进入场景 1，界面如图 3.5-1 所示。

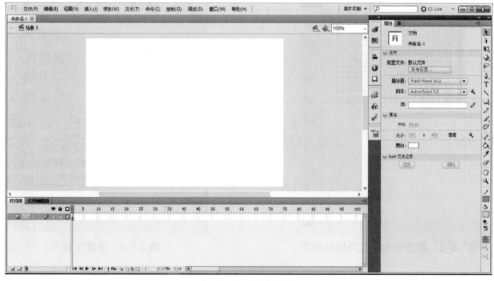

图 3.5-1　新建场景 1

2. 选择"文件"→"导入"→"导入到库"命令，如图 3.5-2 所示。按住 Ctrl 键，同时选择考生文件夹下的"地图""箭头 1""箭头 2"三个文件，将它们导入到库中。

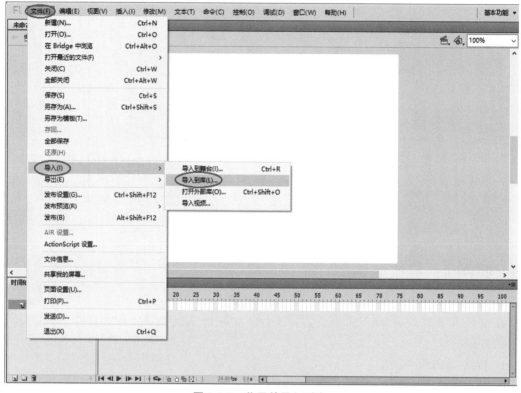

图 3.5-2　将元件导入到库

3. 在颜色样本中选择径向渐变，再选择"矩形工具"下的"椭圆工具"，按住 Shift 键，在画布上画出一个圆，如图 3.5-3～图 3.5-5 所示。

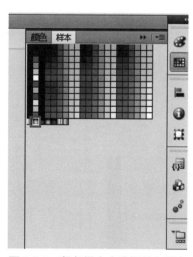

图 3.5-3　颜色样本中选择径向渐变

图 3.5-4　椭圆工具

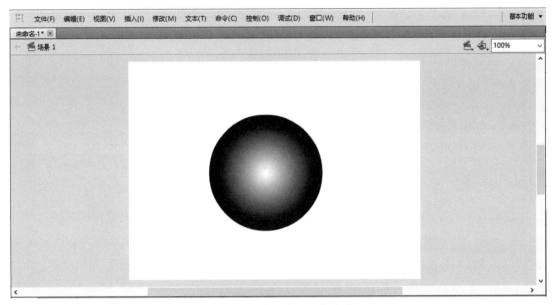

图 3.5-5　在画布上画出地球

4. 选择"选择工具"，当光标靠近地球边缘，变成一个带着弧线的箭头时，双击将边框线删去。

5. 选择"任意变形工具"中的"渐变变形工具"，如图 3.5-6 所示，单击画布中的地球，此时靠近地球边缘，会出现一个带有箭头的圆圈标志，如图 3.5-7 所示，选择该图标，同时按住 Shift 键，将光标向外拖动。效果如图 3.5-8 所示。

6. 双击"图层"面板中的图层 1，将图层 1 重命名为"地球"。选择"地球"图层的第 300 帧，右击，在弹出的快捷菜单中选择"插入帧"命令如图 3.5-9 所示。

图 3.5-6　渐变变形工具

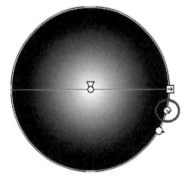

图 3.5-7　带有箭头的圆圈标志

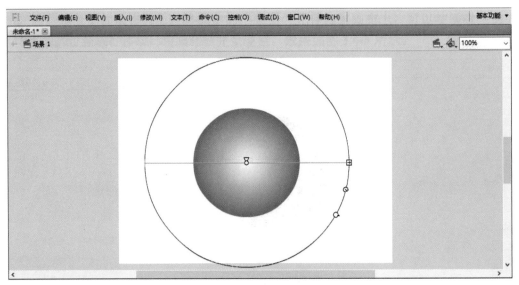

图 3.5-8　处理后的地球

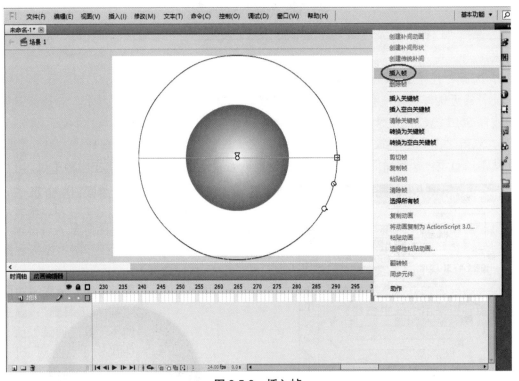

图 3.5-9　插入帧

7. 选择库中的"地图.ai"元件，双击地图图片，进入地图元件的编辑页面，如图 3.5-10 所示。

8. 按 Ctrl+C 组合键复制地图，再按 Ctrl+V 组合键进行粘贴，将复制后的地图平移至恰当位置。重复刚才的动作，使得最终有三个相同的地图。效果如图 3.5-11 所示。

9. 光标从地图左上角拉至地图右下角，使得三个地图依次被选中，按 Ctrl+G 组合键进行组合。效果如图 3.5-12 所示。

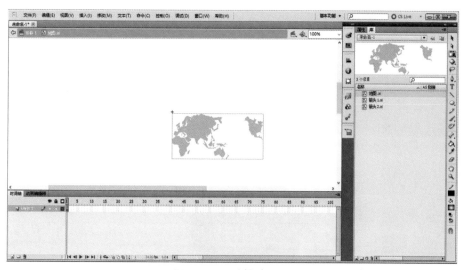

图 3.5-10　编辑地图.ai

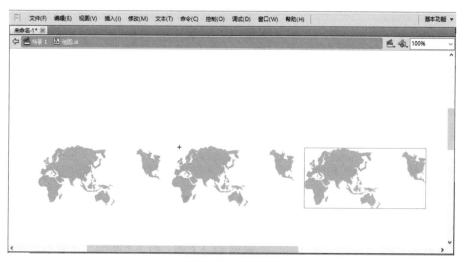

图 3.5-11　复制地图

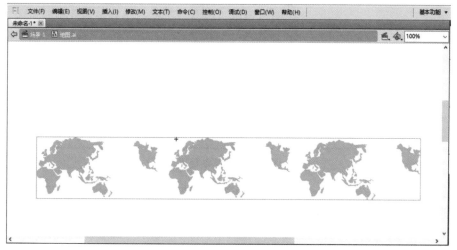

图 3.5-12　将三个地图进行组合

10. 回到场景 1，新建图层 2，将图层 2 重命名为"地图"。

11. 将编辑后的"地图.ai"拉入地球的恰当位置处。效果如图 3.5-13 所示。

图 3.5-13　将地图放入地球

12. 选择"地图"图层的第 300 帧，右击，在弹出的快捷菜单中选择"转换为关键帧"命令，再利用键盘上的方向键，将地图向右平移至恰当位置处。效果如图 3.5-14 所示。

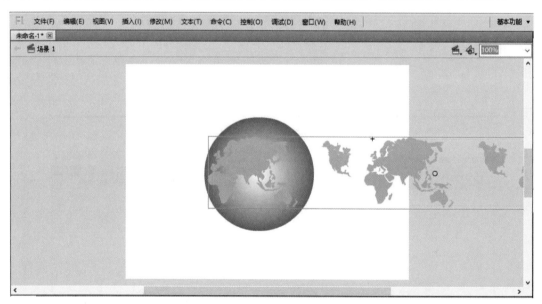

图 3.5-14　移动地图

13. 回到"地图"图层的第一帧，右击，在弹出的快捷菜单中选择"创建传统补间"命令。

14. 选择"地球"图层，按 Ctrl+C 组合键复制地球。

15. 新建图层 3，将图层 3 重命名为"遮罩"，并将"遮罩"图层移至顶层。

16. 按 Ctrl+Shift+V 组合键进行地球的原位粘贴。效果如图 3.5-15 所示。

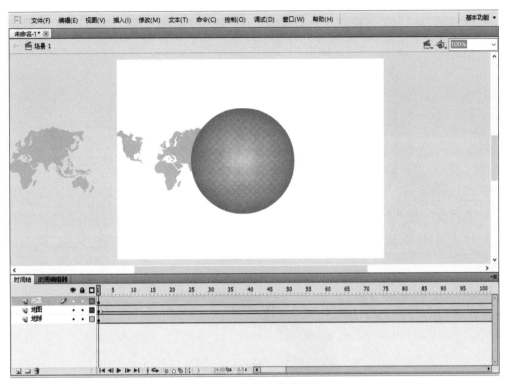

图 3.5-15　创建遮罩图层

17. 选择"遮罩"图层，右击，在弹出的快捷菜单中选择"遮罩层"命令，如图 3.5-16 所示。

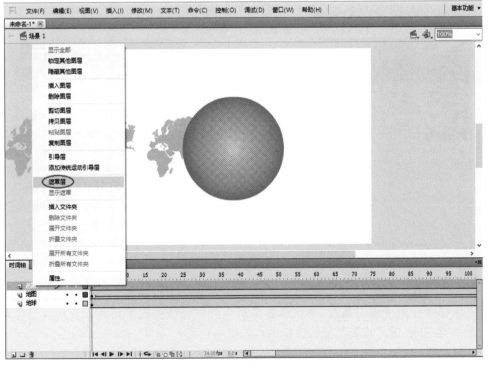

图 3.5-16　创建遮罩

18. 选择菜单栏中的"插入"→"新建元件"命令。选择元件"类型"为"图形"，在"名称"框中输入"元件 1"，如图 3.5-17 所示。

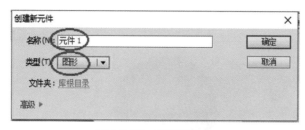

图 3.5-17　创建新元件

19. 选择库中的"箭头 1.ai"元件，将箭头拖入编辑界面中。

20. 按 Ctrl+B 组合键进行分散，连续几次，直到箭头出现密密麻麻的点，如图 3.5-18 所示。

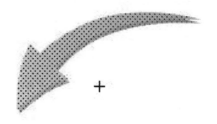

图 3.5-18　分散图形

21. 在"样本"选项卡中，选取淡灰色，再在"颜色"选项卡中，将颜色的 Alpha 值调为 50%，如图 3.5-19、图 3.5-20 所示。

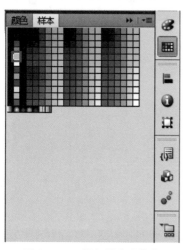

图 3.5-19　颜色样本中取色

图 3.5-20　调整 Alpha 值

22. 选择"任意变形工具"，当光标放至箭头外矩形框的右下角时，会出现一个双向箭头，此时按住 Shift 键，将灰色箭头进行适当的变小。

23. 将"箭头 1.ai"拖至小灰色箭头的恰当位置处，效果如图 3.5-21 所示。

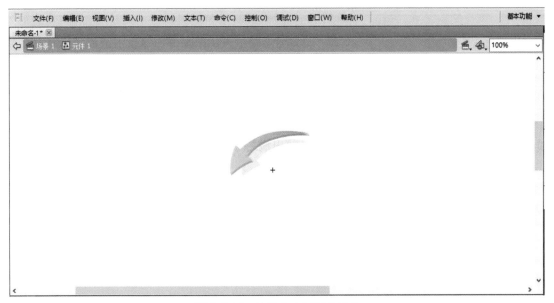

图 3.5-21 地球上方双箭头制作

24. 重复以上 6 个步骤，新建元件 2，做出位于地球下方的双箭头效果。效果如图 3.5-22 所示。

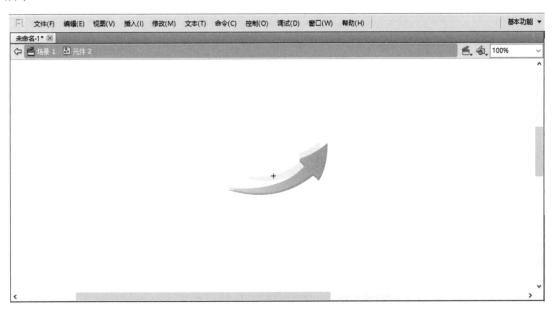

图 3.5-22 地球下方双箭头制作

25. 回到场景 1，新建图层 4，将图层 4 重命名为"箭头"。

26. 依次将元件 1 和元件 2 放入地球的恰当位置。效果如图 3.5-23 所示。按 Ctrl+Enter 组合键可观看影片效果。

27. 选择菜单"文件"下的"另存为"命令，保存至相应文件夹中，设置"文件名"为 "flash.fla"，"保存类型"选择"Flash CS5 文档"，如图 3.5-24 所示。

图 3.5-23　将箭头放入地球

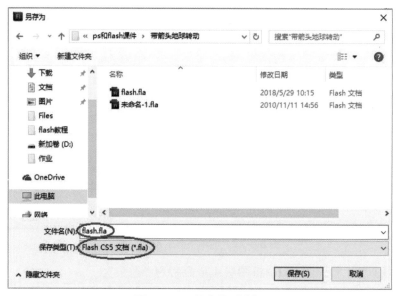

图 3.5-24　保存类型选择

28. 选择菜单"文件"下的"导出"→"导出影片"命令，如图 3.5-25 所示。

29. 导出影片至相应文件夹中，设置"文件名"为 flash.swf，"保存类型"为"SWF 影片"。

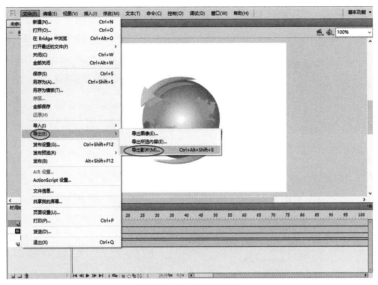

图 3.5-25　导出影片

3.6　案例 5：飞镖

在文件夹下有效果.swf 和相关素材文件，请按照下列要求完成如"效果.swf"所示的效果。

1. 新建 flash.fla 文件。

2. 利用资源素材文件，参考"效果.swf"，完成如"效果.swf"所示的效果。

3. 保存结果为 flash.fla 文件，并以 flash.swf 为名导出影片到相应文件夹中。

【操作要点】

1. 打开 Flash CS5，选择"新建"→"ActionScript 3.0"命令，如图 3.6-1 所示，新建一个场景。

图 3.6-1　新建工程文件

2. 单击菜单"文件"→"导入"→"导入到库"命令，如图 3.6-2 所示，选择素材文件夹中的镖靶和飞镖，单击两次"确定"按钮，如图 3.6-3 所示，将其导入至库。

图 3.6-2　导入到库

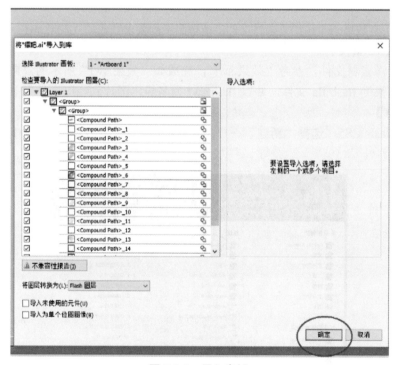

图 3.6-3　导入素材

3. 右键单击"图层一"，在弹出的快捷菜单中选择"属性"命令，如图 3.6-4 所示，打开"图层属性"对话框，将"名称"更改为"镖靶"，单击"确定"按钮，图 3.6-5 所示。

4. 选择"镖靶"图层的第 1 帧，在第 1 帧上进行编辑。选择右侧"库"中的"镖靶"图像，如图 3.6-6 所示，将其拖入场景中，放置在右下角的合适位置上。

图 3.6-4　打开属性面板

图 3.6-5　重命名图层

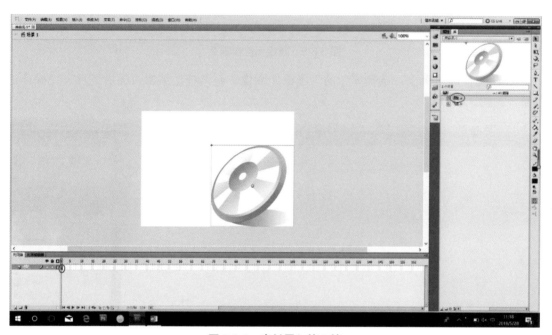

图 3.6-6　素材置入第 1 帧

5. 单击"镖靶"图层的"锁定"按钮，将其锁定，如图 3.6-7 所示。

图 3.6-7　锁定图层

6. 单击菜单栏中的"插入"→"新建元件"命令,如图 3.6-8 所示,打开"创建新元件"对话框。

图 3.6-8　新建元件步骤 1

7. 将"名称"改为"黄色飞镖",确认"类型"为"图形",单击"确定"按钮,创建新元件,如图 3.6-9 所示,进入元件编辑页面。

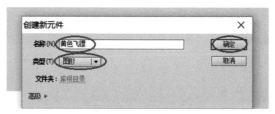

图 3.6-9　新建元件步骤 2

8. 在元件编辑页面,选择库中的"飞镖"图像,将其拖进编辑页面内任意方便操作的位置,如图 3.6-10 所示。

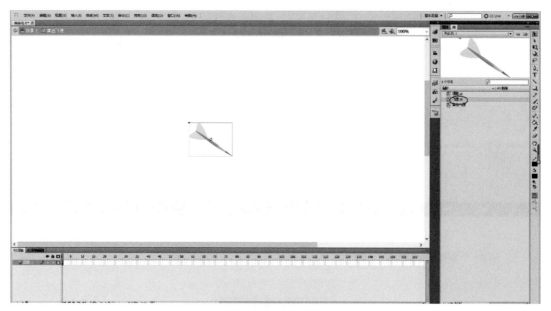

图 3.6-10　置入素材

9. 单击右侧工具栏的"选择工具" ，选择页面中的飞镖,重复单击菜单中的"修改"→"分离"命令(或使用快捷键 Ctrl+B),如图 3.6-11 所示,当出现小方框时选择镖柄位置,如图 3.6-12 所示,继续进行分离,直至出现圆点状像素粒,如图 3.6-13 所示。

图 3.6-11　选择"分离"菜单

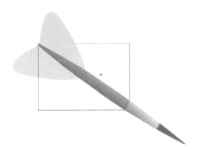

图 3.6-12　选择镖柄区域

图 3.6-13　圆点状像素粒

10. 单击右侧工具栏中的"颜料桶工具",再单击右侧工具栏中的"颜色"工具,打开颜色设置界面,如图 3.6-14 所示。

11. 选择"线性渐变",并将两段渐变颜色更改为橙黄(建议 RGB 值为 R:255 G:102 B:0)和浅黄(建议 RGB 值为 R:255 G:255 B:51),如图 3.6-15 所示。

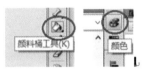

图 3.6-14　颜色设置界面

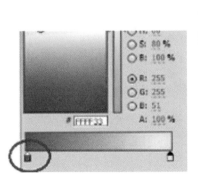

图 3.6-15　更改颜色设置

12. 使用"选择工具"选定镖柄区域。

13. 单击右侧工具栏中的"颜料桶工具",再单击镖柄区域,使蓝色镖柄被填充为渐变黄色镖柄,如图 3.6-16、图 3.6-17 所示。

图 3.6-16　颜料桶工具　　　　　　　　　　图 3.6-17　填充渐变

14. 返回"场景 1",新建图层,并重命名为"飞镖",如图 3.6-18 所示。

图 3.6-18　重命名

15. 选择"飞镖"图层中的第 1 帧,再选择右侧库中的"飞镖"和"黄色飞镖",将其拉入场景,如图 3.6-19 所示。

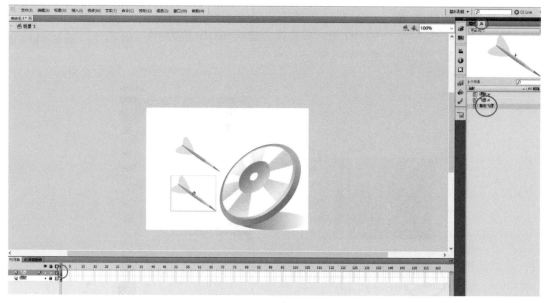

图 3.6-19　置入素材至第一帧

16. 使用 "任意变形工具"，如图 3.6-20 所示，把光标移动到对角线处，鼠标形状变为 ↶ 时，即可调整角度，效果如图 3.6-21 所示。

图 3.6-20　任意变形工具

图 3.6-21　角度效果图

17. 建立新图层，并重命名为 "真的飞镖"，如图 3.6-22 所示，选择 "真的飞镖" 图层的第 1 帧，将右侧库中的 "飞镖" 图像拉入至场景左上角，如图 3.6-23 所示。

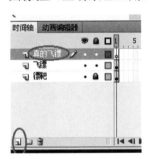

图 3.6-22　重命名

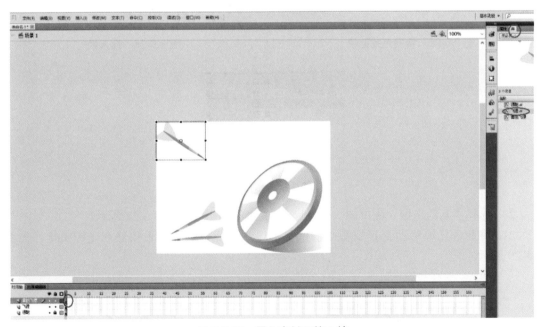

图 3.6-23　置入素材至第 1 帧

18. 选择 "任意变形工具"，将图像中心的白色圆形轴点拖动至飞镖尖端，如图 3.6-24 所示。

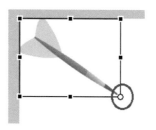

图 3.6-24　移动轴点

19. 选择"真的飞镖"图层的第 10 帧，右击，在弹出的快捷菜单中选择"转换为关键帧"命令，如图 3.6-25 所示。同时选择"镖靶"和"飞镖"图层的第 10 帧，右击，在弹出的快捷菜单中选择"插入帧"命令，如图 3.6-26 所示，时间轴效果如图 3.6-27 所示。

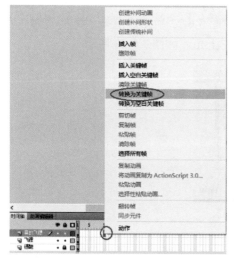

图 3.6-25　转换为关键帧

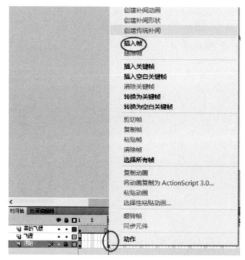

图 3.6-26　插入帧

图 3.6-27　时间轴效果

20. 选择"真的飞镖"图层的第 10 帧，对其进行编辑，如图 3.6-28 所示。

21. 将蓝色飞镖移动到正中靶心的位置，要注意观察轴心是否依然在飞镖尖端，如图 3.6-29 所示。

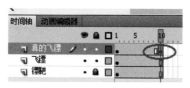

图 3.6-28　编辑帧

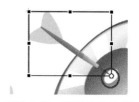

图 3.6-29　移动蓝色飞镖

22. 同时选择"镖靶"和"飞镖"图层的第 18 帧，右击，在弹出的快捷菜单中选择"插入帧"命令，如图 3.6-30 所示。

23. 在"真的飞镖"图层上，在第 10 帧后每隔两帧右击，在弹出的快捷菜单中选择"转换为关键帧"命令（第 12 帧、14 帧、16 帧、18 帧），如图 3.6-31 所示，时间轴效果如图 3.6-32 所示。

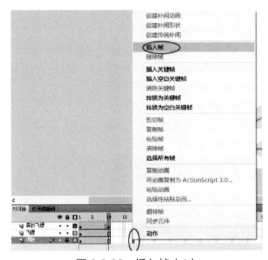

图 3.6-30　插入帧（1）

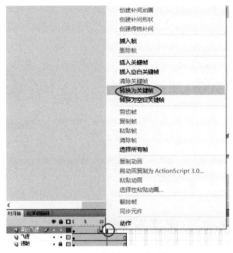

图 3.6-31　转换为关键帧（1）

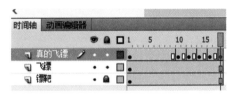

图 3.6-32　时间轴效果（1）

24. 选择"真的飞镖"图层的第 12 帧，使用"任意变形工具"，将飞镖图形向上微旋转，如图 3.6-33 所示。

图 3.6-33　向上旋转图形

25. 选择"真的飞镖"图层的第 14 帧,将飞镖图形向下微旋转,如图 3.6-34 所示。

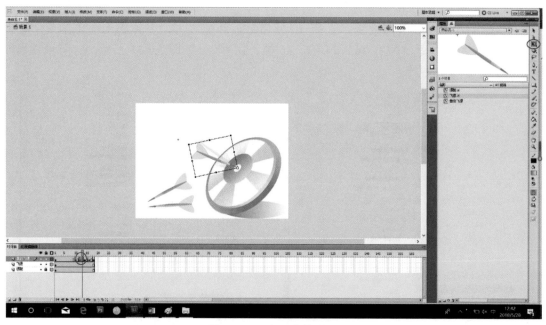

图 3.6-34　向下旋转图形

26. 依次完成"真的飞镖"图层的第 16 帧和第 18 帧。

27. 单击"真的飞镖"图层第 1 帧至第 10 帧中的任意一帧,右击,在弹出的快捷菜单中选择"创建传统补间"命令,如图 3.6-35 所示。

28. 使用 Ctrl+Enter 组合键可观看影片效果,最终效果如图 3.6-36 所示。

图 3.6-35　创建传统补间

图 3.6-36　影片效果

29. 单击菜单栏中的"文件"→"另存为"命令,将文件储存为 flash.fla,单击"保存"按钮,将其保存在相应文件夹中。再单击菜单"文件"→"导出"→"导出影片"命令,存储为 SWF 格式,单击"保存"按钮,将其保存在相应文件夹中,如图 3.6-37～图 3.6-40 所示。

图 3.6-37　另存为

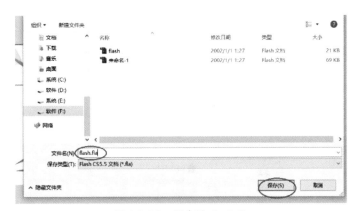

图 3.6-38　保存为 flash.fla

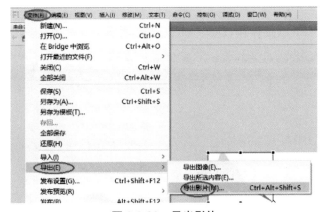

图 3.6-39　导出影片

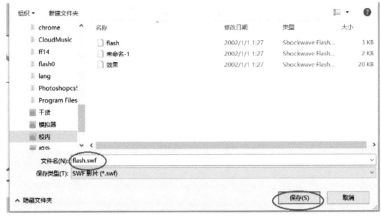

图 3.6-40　保存为 flash.swf

3.7 案例 6：飞机降落

在文件夹下有一个 flash.fla 文件，请按照下列要求完成如 flash.gif 所示的效果。

1. 打开 flash.fla 文件。

2. 利用 flash.fla 文件中的资源，参考 flash.gif，完成如 flash.gif 所示的效果。

3. 保存结果为 flash.fla 文件，并以 flash.swf 为名称导出影片到相应文件夹中。

【操作要点】

1. 打开文件夹，选择并打开第一个文件：flash.FLA，如图 3.7-1 所示。

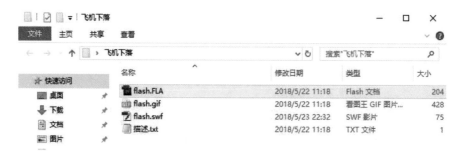

图 3.7-1　打开文件

2. 打开后进入 Flash 软件操作页面，如图 3.7-2 所示。

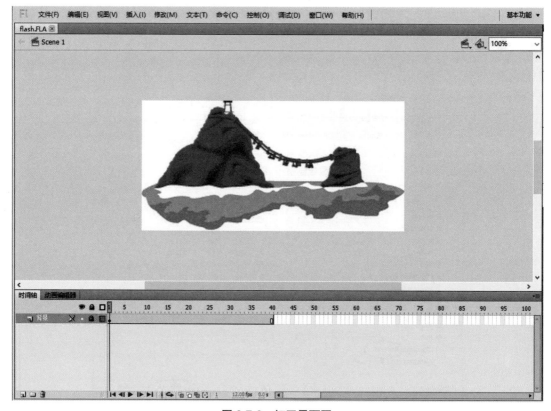

图 3.7-2　打开界面图

3. 单击 "时间轴" 面板左下角的 "新建图层" 按钮，新建图层，如图 3.7-3 所示。

图 3.7-3　新建图层

4. 选择图层 5，右击，在弹出的快捷菜单中选择 "添加传统运动引导层" 命令，如图 3.7-4 所示。

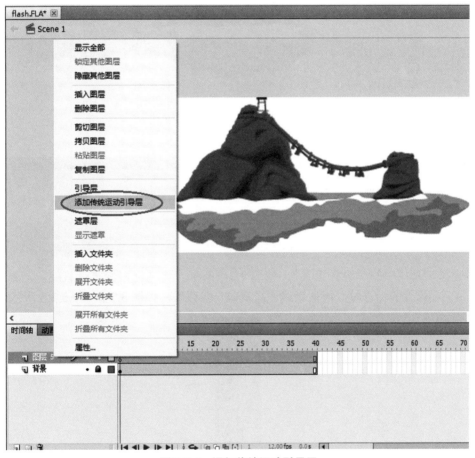

图 3.7-4　添加传统运动引导层

5. 选择了 "添加传统运动引导层" 后，接着选择引导层的第 1 帧，此时的界面如图 3.7-5 所示。

6. 选择工具栏中的 "直线工具"，在场景一的画面中画出一条引导线，如图 3.7-6 所示。

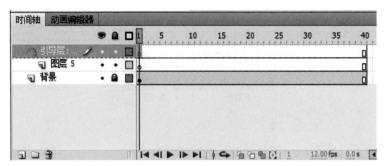

图 3.7-5　选择引导层第一帧

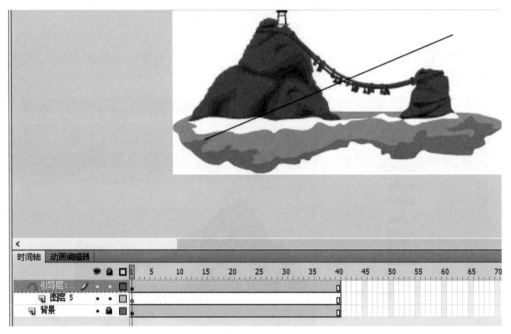

图 3.7-6　画出引导线

7. 选择工具栏中的"选择工具"，如图 3.7-7 所示。将光标慢慢靠近直线，当箭头右下角出现一个小弧度的标志时，拉住直线使之变成一条弧线，如图 3.7-8、图 3.7-9 所示。

图 3.7-7　选择工具

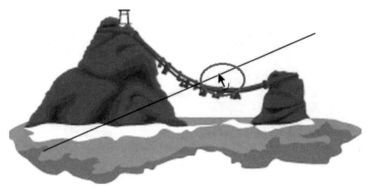

图 3.7-8　变形箭头

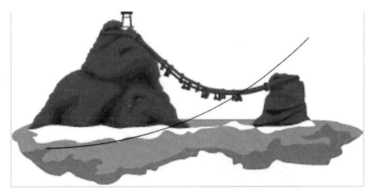

图 3.7-9　直线变弧线

8. 单击图层 5 的第 1 帧，接着选择"库"面板中的"飞机"元件，将"飞机"元件拖入场景一的图片中，同时，选择工具栏中的"随意变形工具"对飞机进行适当变形，如图 3.7-10、图 3.7-11 所示。

9. 鼠标选择并单击图层第 40 帧的位置，右击，在弹出的快捷菜单中选择"转换为关键帧"命令，如图 3.7-12 所示。

图 3.7-10　将飞机拖入场景中

图 3.7-11 对飞机进行适当变形

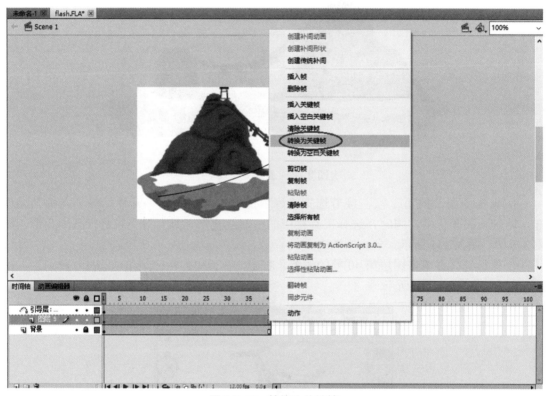

图 3.7-12 转换为关键帧

10. 将"飞机"元件拖至弧线的另一端，同样选择工具栏中的"任意变形工具"对"飞机"元件进行形变，同时保持飞机的轴心点帖于弧线另一顶端。

11. 回到图层 5 的第 1 帧，右击，在弹出的快捷菜单中选择"创建传统补间"命令，如图 3.7-13 所示。

12. 完成后效果如图 3.7-14 所示。

13. 按 Ctrl+Enter 组合键，导出 SWF 影片到考生文件夹中。打开菜单"文件"→"另存为"命令，保存"文件名"为 flash.FLA，"保存类型"选择"Flash CS5 文档"，如图 3.7-15 所示。

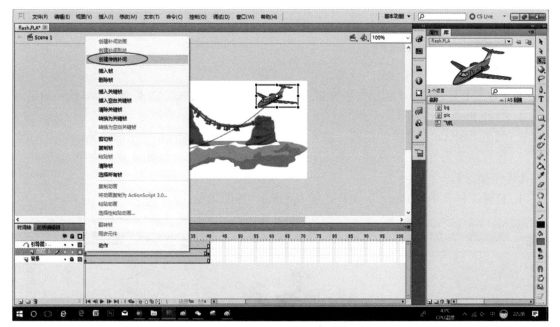

图 3.7-13　创建传统补间

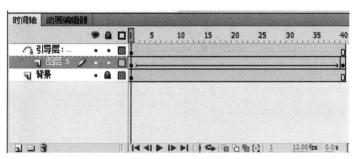

图 3.7-14　动作完成效果图

图 3.7-15　存储文件

3.8 案例 7：桃花飘落

在文件夹下有效果.swf 和相关素材文件，请按照下列要求完成如文件效果.swf 所示效果。

1. 打开 flash.fla 文件。

2. 利用 flash.fla 文件中的资源，参考 flash.gif，完成如 flash.gif 所示的效果。

3. 保存结果为 flash.fla 文件，并以 flash.swf 为名称导出影片到相应文件夹中。

【操作要点】

1. 打开文件夹中的 flash.fla 文件，进入 Flash，界面如图 3.8-1 所示。

图 3.8-1 初始界面

2. 选择菜单栏下的"文件"→"新建"命令，如图 3.8-2 所示。

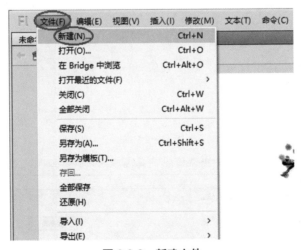

图 3.8-2 新建文件

3. 新建文档"类型"选择"ActionScript 3.0"，单击"确定"按钮，如图 3.8-3 所示。

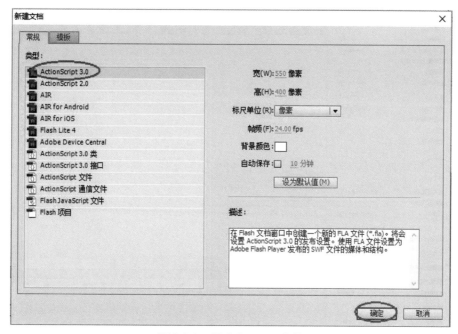

图 3.8-3　新建 flash.fla 文件

4. 打开新建文件界面如图 3.8-4 所示。

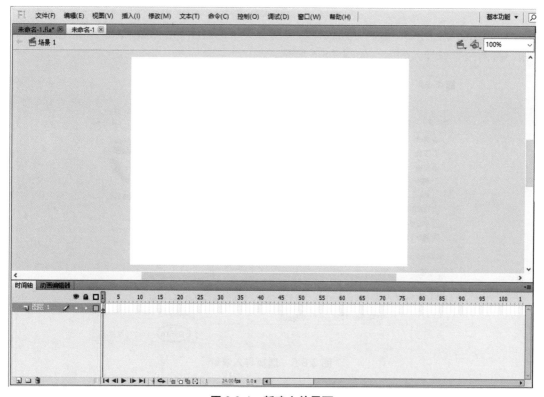

图 3.8-4　新建文件界面

5. 选择菜单栏下的"文件"→"导入"→"导入到库"命令如图 3.8-5 所示。

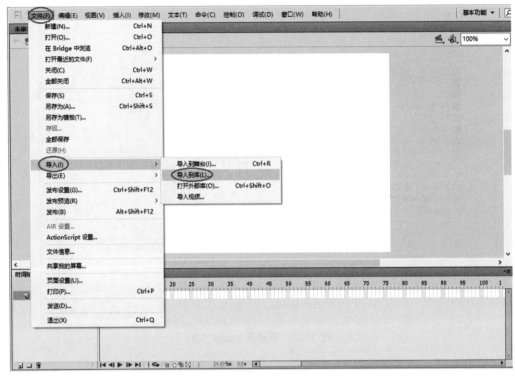

图 3.8-5　导入到库

6. 按住键盘上的 Ctrl 键，分别选择考生文件夹下的底图.jpg 和花瓣.png，单击"打开"按钮，将两个素材导入到库，如图 3.8-6 所示。

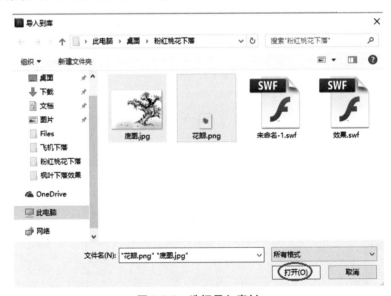

图 3.8-6　选择导入素材

7. 素材导入到库后，"库"面板如图 3.8-7 所示。
8. 选择"库"中的底图.jpg，如图 3.8-8 所示。

206

图 3.8-7　导入素材后的"库"面板

图 3.8-8　选择底图

9. 选择图层 1 的第 1 帧，将库中的底图图片拖至场景 1 的画布上，使之与画布吻合。效果如图 3.8-9 所示。选择图层 1 的第 60 帧，右击，在弹出的快捷菜单中选择"插入帧"命令，如图 3.8-10 所示。将图层 1 进行锁定并选择新建图层，如图 3.8-11 所示。

图 3.8-9　场景 1 中的桃花树

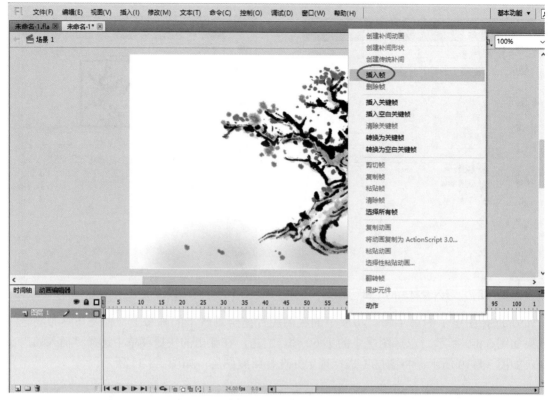

图 3.8-10　插入帧

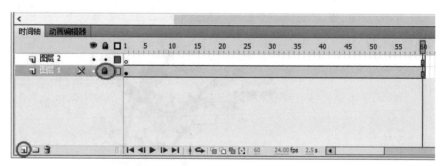

图 3.8-11　新建图层 2

10. 双击"时间轴"面板中的"图层 1"，将它重命名为"底图"。同样地，将"图层 2"重命名为"一个花瓣"。效果如图 3.8-12 所示。

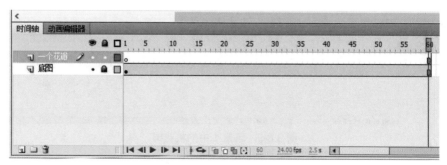

图 3.8-12　图层重命名

11. 选择"库"面板中的元件 2，双击花瓣图片，进入元件编辑界面，并将花瓣拖到适当位置，如图 3.8-13、图 3.8-14 所示。

图 3.8-13　库面板

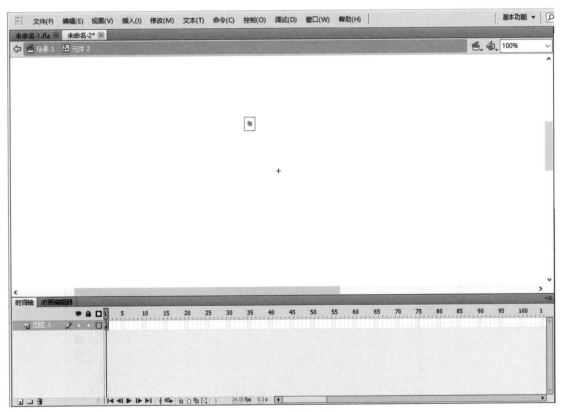

图 3.8-14　编辑元件 2

12. 选择图层 1，右击，在弹出的快捷菜单中选择"添加传统运动引导层"命令，如图 3.8-15 所示。

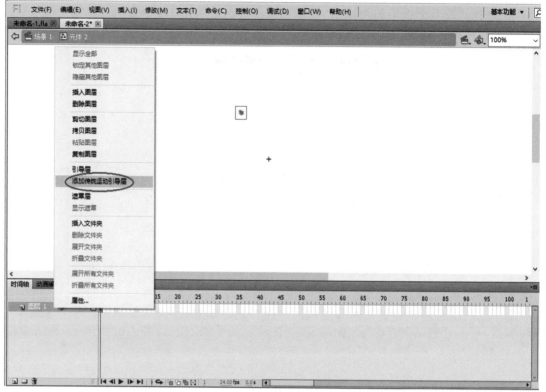

图 3.8-15　添加传统运动引导层

13. 添加传统运动引导层之后，选择引导层的第 1 帧，如图 3.8-16 所示。

14. 选择工具栏中的"铅笔工具"，同时选择"平滑"模式，如图 3.8-17 所示。

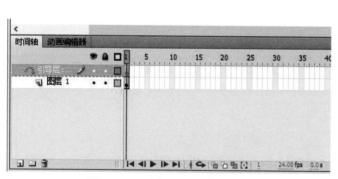

图 3.8-16　选择引导层的第 1 帧

图 3.8-17　铅笔选择工具

15. 用"铅笔工具"从花瓣轴心点出发，画出一条花瓣飘落的引导线，如图 3.8-18 所示。

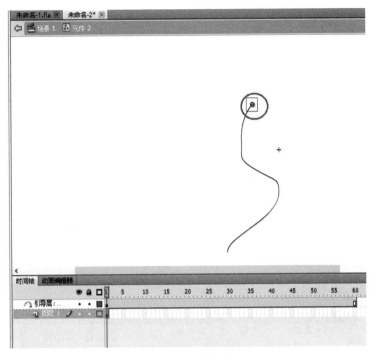

图 3.8-18　引导线

16. 选择图层 1 的第 60 帧，右击，在弹出的快捷菜单中选择"插入关键帧"命令，如图 3.8-19 所示。

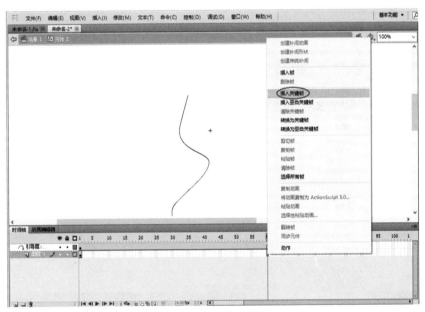

图 3.8-19　插入关键帧

17. 移动引导线顶端的花瓣至引导线的末端，并将花瓣的轴心点贴于线的末尾，如图 3.8-20 所示。

18. 选择图层 1 的第 1 帧，右击，在弹出的快捷菜单中选择"创建传统补间"命令，如图 3.8-21 所示。

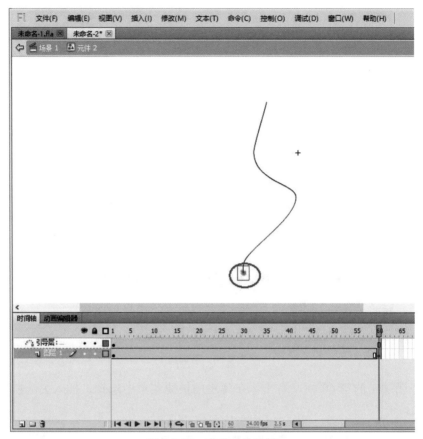

图 3.8-20　移动后的花瓣

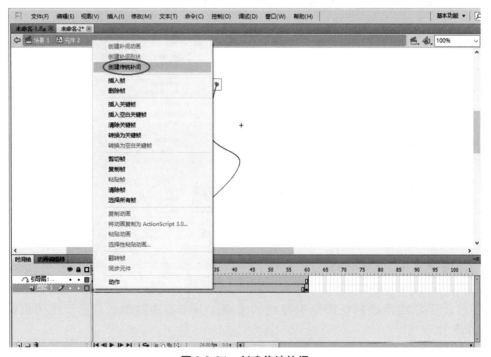

图 3.8-21　创建传统补间

212

19. 此时，界面如图 3.8-22 所示，并单击场景 1，回到场景 1 的操作界面。

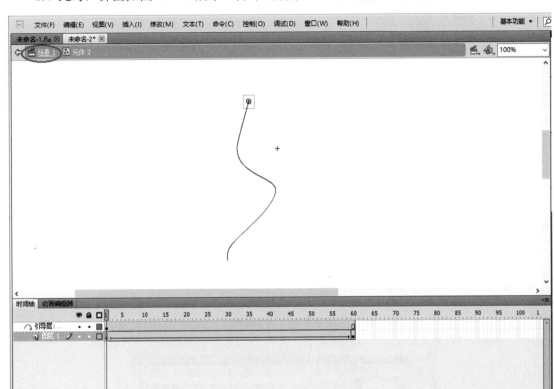

图 3.8-22　单击场景 1

20. 选择"一个花瓣"图层的第一帧，再选择"库"中的元件 2，将花瓣图片拖至场景 1 中的恰当位置，如图 3.8-23、图 3.8-24 所示。

21. 新建图层 3，双击"图层 3"，将"图层 3"重命名为"四个花瓣"，在第 15 帧的位置，右击，在弹出的快捷菜单中选择"插入关键帧"命令，如图 3.8-25、图 3.8-26 所示。

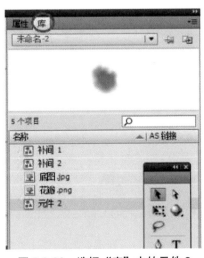

图 3.8-23　选择"库"中的元件 2

图 3.8-24　一个花瓣

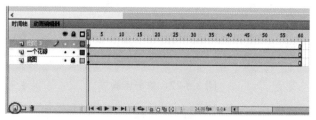

图 3.8-25　新建图层

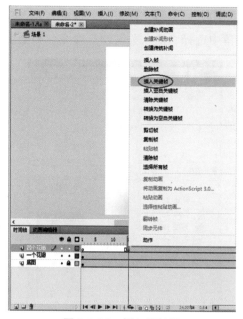

图 3.8-26　插入关键帧

22. 到"库"中将花瓣进行 4 次拖曳，分别拖至场景 1 的不同位置处。效果如图 3.8-27 所示。

图 3.8-27　四个花瓣

23. 新建图层 4，重命名为"三个花瓣"，选择该图层的第 40 帧，同样右击，在弹出的快捷菜单中选择"插入关键帧"命令，从库中拖 3 次花瓣到场景 1 的不同位置处。效果如图 3.8-28 所示。

图 3.8-28　三个花瓣

24. 按 Ctrl+Enter 组合键，可查看影片效果。单击菜单"文件"→"另存为"命令，保存"文件名"为 flash.fla，"保存类型"选择"Flash CS5 文档"，保存到相应文件中，如图 3.8-29 所示。

图 3.8-29　另存为 flash.fla

25. 在菜单栏的"文件"下，选择"导出"→"导出影片"命令，设置"文件名"为 flash.swf，"保存类型"为"SWF 影片"，保存到相应文件夹下，如图 3.8-30、图 3.8-31 所示。

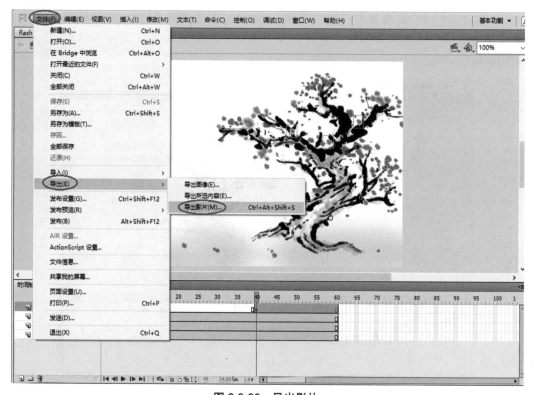

图 3.8-30　导出影片

图 3.8-31　导出为 flash.swf

3.9　案例 8：枫叶下落

在文件夹下有效果.swf 和相关素材文件，请按照如下要求完成如文件效果.swf 所示的效果。

1. 打开 flash.fla 文件。
2. 利用 flash.fla 文件中的资源，参考 flash.gif，完成如文件 flash.gif 所示的效果。
3. 保存结果为 flash.fla 文件，并以 flash.swf 为名导出影片到相应文件夹中。

【操作要点】

1. 打开文件夹，选择并打开文件 flash.fla，如图 3.9-1 所示。

图 3.9-1　打开文件

2. 打开后进入 Flash 软件操作页面，如图 3.9-2 所示。
3. 单击"时间轴"面板左下角的"新建图层"按钮，新建图层，如图 3.9-3 所示。
4. 选择图层 9，右击，在弹出的快捷菜单中选择"添加传统运动引导层"，如图 3.9-4 所示。

图 3.9-2　打开界面图

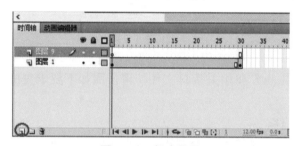

图 3.9-3　新建图层

图 3.9-4　添加传统运动引导层

5. 选择了"添加传统运动引导层"后，接着选择引导层的第 1 帧，此时的界面如图 3.9-5 所示。

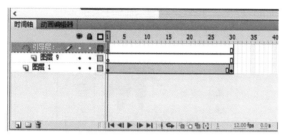

图 3.9-5　选择引导层的第 1 帧

6. 选择工具栏中的"铅笔工具"，同时选择画笔模式中的"平滑"模式，在场景 1 的画面中画出一条引导线，如图 3.9-6、图 3.9-7 所示。

图 3.9-6　选择铅笔工具

图 3.9-7　画出引导线

7. 单击图层 9 的第 1 帧，接着选择"库"面板中的枫叶元件 1，将枫叶元件拖入场景 1 的图片中，同时，选择工具栏中的"随意变形工具"对枫叶进行适当变形。将枫叶的轴心点进行移动，使之贴到曲线的顶端，如图 3.9-8、图 3.9-9 所示。

图 3.9-8　选择库面板中的枫叶元件 1

图 3.9-9　将枫叶拖入场景中

8. 鼠标选择并单击图层 9 第 30 帧的位置，右击，在弹出的快捷菜单中选择"转换为关键帧"命令，如图 3.9-10 所示。

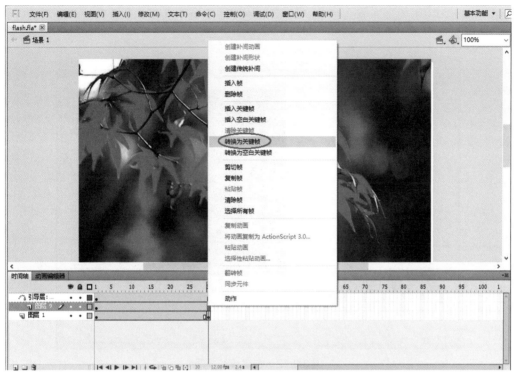

图 3.9-10　转换为关键帧

9. 将位于曲线上端的枫叶拖至曲线的尾端，同时保持枫叶的轴心点帖于弧线尾端，如图 3.9-11 所示。

图 3.9-11　将枫叶移动到曲线尾端

10. 回到图层 9 的第 1 帧，右击，在弹出的快捷菜单中选择"创建传统补间"命令，如图 3.9-12 所示。

图 3.9-12　创建传统补间

11. 完成后的效果如图 3.9-13 所示。

图 3.9-13　动作完成效果图

12. 按 Ctrl+Enter 组合键，导出 SWF 影片到相应的文件夹中。单击菜单"文件"→"另存为"命令，保存"文件名"为 flash.fla，"保存类型"选择"Flash CS5 文档"，如图 3.9-14 所示。

图 3.9-14　存储文件

3.10　案例 9：蝴蝶花

在文件夹下有效果.swf 和相关素材文件，请按照如下要求完成如文件效果.swf 所示的效果。

1. 打开 flash.fla 文件。

2. 利用 flash.fla 文件中的资源，参考 flash.gif，完成如文件 flash.gif 所示的效果。

3. 保存结果为 flash.fla 文件，并以 flash.swf 为名称导出影片到相应文件夹中。

【操作要点】

1. 在文件夹中右击"底图"，在弹出的快捷菜单中选择"属性"→"详细信息"命令，可见图像宽度为 595 像素，高度为 842 像素，如图 3.10-1 所示。

图 3.10-1　查看图片大小

2. 打开 Flash CS5，选择"新建"→"ActionScript 3.0"，如图 3.10-2 所示，新建一个场景。

图 3.10-2　新建工程文件

3. 单击"修改"→"文档"命令，将"尺寸"更改为 595 像素×842 像素，如图 3.10-3 所示。

图 3.10-3　更改文档大小

4. 右击"图层 1"，在弹出的快捷菜单中选择"属性"命令，如图 3.10-4 所示，打开"属性设置"对话框。

5. 将"名称"改为"底图"，单击"确定"按钮，如图 3.10-5 所示。

图 3.10-4　"属性"命令

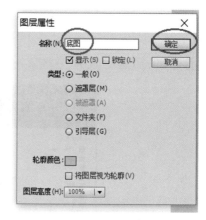

图 3.10-5　重命名图层

6. 单击菜单"文件"→"导入"→"导入到库"命令，如图 3.10-6 所示，选择素材文件夹中的"底图"、"花瓣 1"和"蝴蝶"，单击"打开"按钮，如图 3.10-7 所示，将其导入至库中。

7. 选择"底图"图层的第 1 帧，将右侧"库"中的"底图"拖入场景，直至刚好覆盖空白文档，如图 3.10-8 所示。

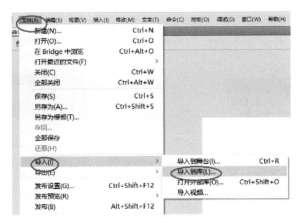

图 3.10-6　导入到库

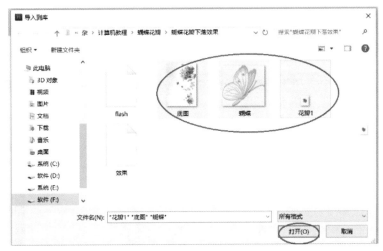

图 3.10-7　导入素材至库

图 3.10-8　置入底图至场景

8. 单击图 3.10-9 中的红圈位置，将"底图"图层锁定。

9. 新建图层，并重命名为"蝴蝶"，如图 3.10-10 所示。

图 3.10-9 锁定图层

图 3.10-10 新建图层

10. 选择"蝴蝶"图层的第 1 帧，将右侧"库"中的"蝴蝶"图形拖入至场景，如图 3.10-11 所示。

图 3.10-11 置入蝴蝶图形至场景

11. 使用"任意变形工具"，把光标移到角落黑色方块处，在按住 Shift 键的同时拉动黑色方块，进行等比例缩放操作，直至达成如图 3.10-12 所示效果。

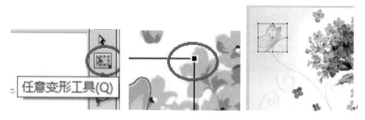

图 3.10-12 等比例缩放操作

12. 单击图 3.10-13 中的红圈位置，将"蝴蝶"图层锁定。

13. 单击菜单"插入"→"新建元件"命令，打开"创建新元件"对话框，如图 3.10-14 所示。

图 3.10-13　锁定图层

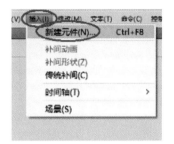

图 3.10-14　新建元件

14. 更改"名称"为"花瓣"，"类型"为"影片剪辑"，如图 3.10-15 所示，进入元件编辑面板。

图 3.10-15　更改元件类型

15. 选择"图层 1"的第 1 帧，将右侧"库"中的"花瓣 1.png."拖入至场景，如图 3.10-16 所示。

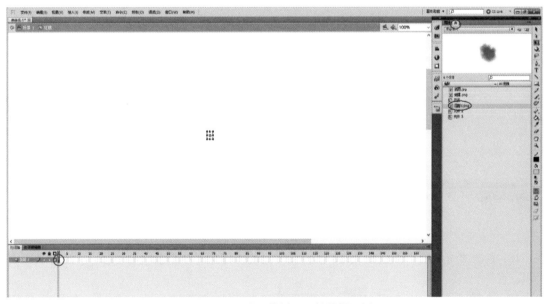

图 3.10-16　置入花瓣至元件编辑面板

16. 右击"图层 1",在弹出的快捷菜单中选择"添加传统运动引导层"命令,如图 3.10-17 所示。

图 3.10-17　添加传统运动层

17. 选择"引导层"图层的第 1 帧,选择"铅笔工具",绘制如图 3.10-18 所示的路径。

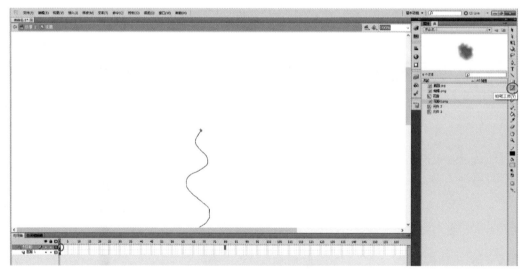

图 3.10-18　绘制引导线

18. 右击"引导层"图层的第 80 帧,在弹出的快捷菜单中选择"插入帧",如图 3.10-19 所示。

19. 选择"图层 1"的第 1 帧,将图形中心圆形轴点移动至路径顶端,如图 3.10-20 所示。

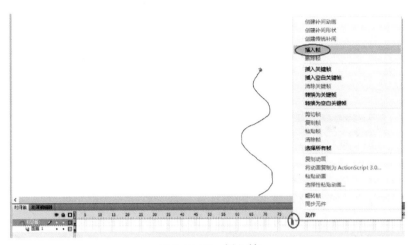

图 3.10-19　插入帧

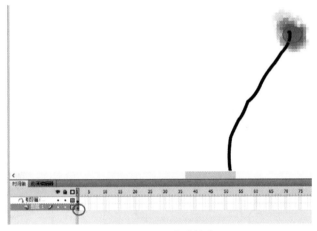

图 3.10-20　移动轴点

20. 右击"图层 1"第 80 帧，在弹出的快捷菜单中选择"转换为关键帧"命令，将"花瓣 1.png"图形移至路径的末端，并确保白色圆形轴点位于路径上，如图 3.10-21、图 3.10-22 所示。

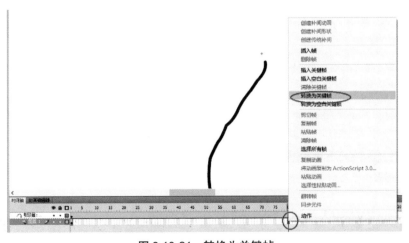

图 3.10-21　转换为关键帧

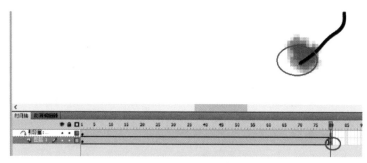

图 3.10-22　移动轴点

21. 选择"图层 1"第 1 帧至第 80 帧中任意一帧，右击，在弹出的快捷菜单中选择"创建传统补间"命令，如图 3.10-23 所示。

22. 完成元件设置，回到场景 1，如图 3.10-24 所示。

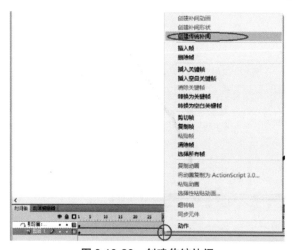

图 3.10-23　创建传统补间

图 3.10-24　回到场景 1

23. 如图 3.10-25 所示，选择"蝴蝶"和"底图"图层的第 120 帧，右击，在弹出的快捷菜单中选择"插入帧"命令。

图 3.10-25　插入帧

24. 新建图层，并重命名为"花瓣 1"，如图 3.10-26 所示。

图 3.10-26　新建图层

25. 选择"花瓣 1"图层的第 1 帧，拖动右侧"库"中的"花瓣"元件到场景中如图 3.10-27 中红圈所示位置。

图 3.10-27　置入元件

26. 右击"花瓣 1"图层的第 120 帧，在弹出的快捷菜单中选择"插入帧"命令，如图 3.10-28 所示。

图 3.10-28　插入帧

27. 新建图层，并重命名为"花瓣 2"，如图 3.10-29 所示。

图 3.10-29　新建图层

28. 选择"花瓣 2"图层的第 30 帧，右击，在弹出的快捷菜单中选择"插入关键帧"命令，如图 3.10-30 所示，拖动右侧"库"中的"花瓣"元件到场景中如图 3.10-31 中红圈所示位置。

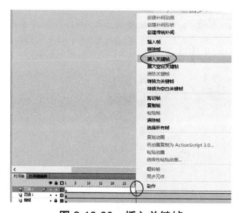

图 3.10-30　插入关键帧

图 3.10-31　置入花瓣元件至场景

29. 右击"花瓣 2"图层的第 120 帧，在弹出的快捷菜单中选择"插入帧"命令，如图 3.10-32 所示。

30. 按 Ctrl+Enter 组合键可观看影片效果，如图 3.10-33 所示。

图 3.10-32　插入帧

图 3.10-33　最终效果图

31. 选择菜单栏中的"文件"→"另存为"命令，将文件储存为 flash.fla，单击"保存"按钮，保存在相应文件夹中，如图 3.10-34 所示。再选择"文件"→"导出"→"导出影片"命令，设置"保存类型"为"SWF 格式"，单击"保存"按钮，保存在相应文件夹中，如图 3.10-35 所示。

图 3.10-34　另存为 flash.fla

图 3.10-35　导出为 flash.swf

3.11　案例 10：透明三维地球

在文件夹中有效果.swf 和素材文件，请按照如下要求完成如文件效果.swf 所示的效果。

1. 打开 flash.fla 文件。

2. 利用 flash.fla 文件中的资源，参考 flash.gif，完成如文件 flash.gif 所示的效果。

3. 保存结果为 flash.fla 文件，并以 flash.swf 为名导出影片到相应文件夹中。

【操作要点】

1. 打开文件夹下的 flash.fla 文件。打开的界面如图 3.11-1 所示。

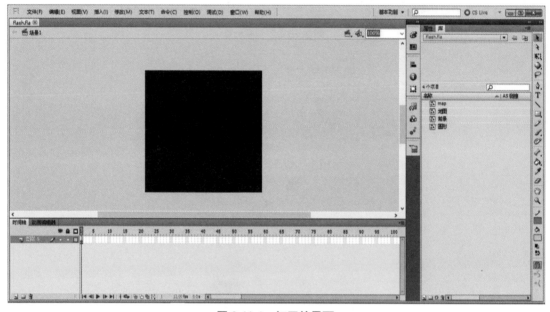

图 3.11-1　打开的界面

2. 找到"库"面板中的"前景"元件，将前景图拉至画布上，并在工具栏中选择"任意变形工具"，如图 3.11-2、图 3.11-3 所示。

图 3.11-2　"前景"元件

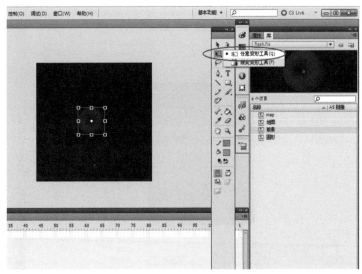

图 3.11-3　选择任意变形工具

3. 将光标放至矩形框架的右下角，此时会出现一个双箭头标志，按住 Shift 键，将前景图进行等比例放大。效果如图 3.11-4 所示。

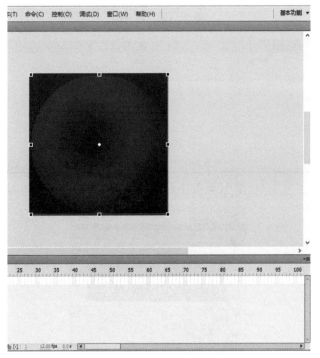

图 3.11-4　变形后的前景图

4. 选择图层 5 的第 50 帧，右击，在弹出的快捷菜单中选择"插入帧"命令，如图 3.11-5 所示。

5. 双击"图层 3"，将"图层 3"重命名为"地球"，如图 3.11-6 所示。

6. 选择库中的 map 元件，双击 map 图片，进入元件操作界面，如图 3.11-7、图 3.11-8 所示。

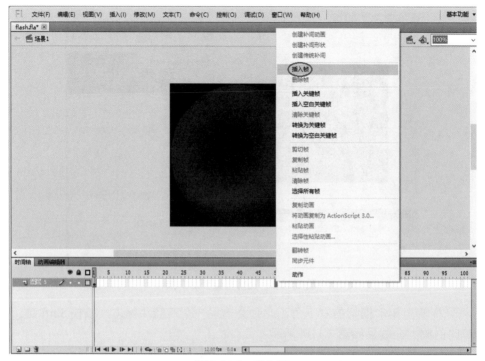

图 3.11-5　插入帧

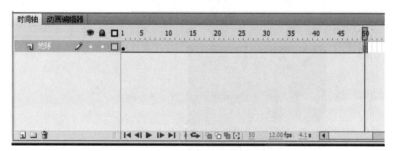

图 3.11-6　图层重命名

图 3.11-7　map 元件

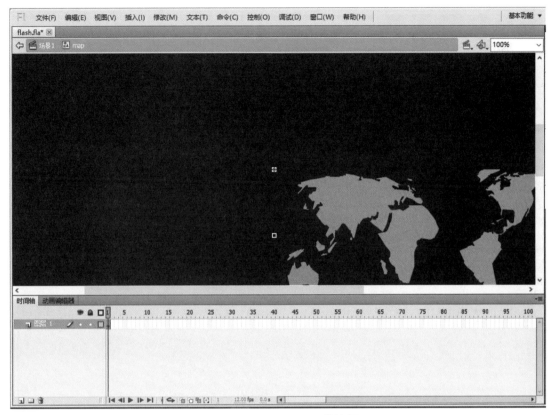

图 3.11-8　进入 map 元件编辑

7. 选择"库"面板中的"属性"，对 map 元件的 X、Y 值进行更改。将 X 值改为-1000，Y 值改为 0，如图 3.11-9 所示。

图 3.11-9　更改元件属性

8. 选择图层 1 的第 50 帧，右击，在弹出的快捷菜单中选择"插入关键帧"命令，如图 3.11-10 所示。

9. 单击此时画布上的 map 图片，再到"库"面板中对元件的 X、Y 值的属性进行更改。此时只需将 X 值改为 0 即可，Y 值不变，如图 3.11-11 所示。

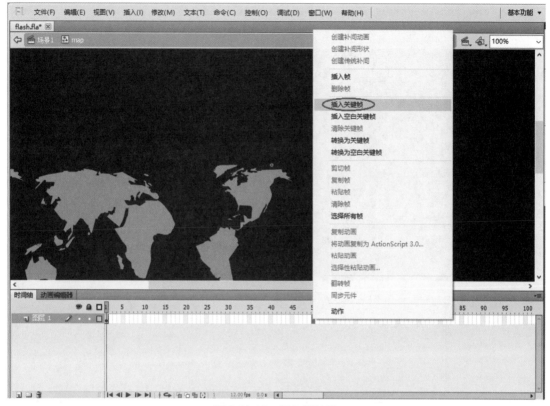

图 3.11-10　插入关键帧

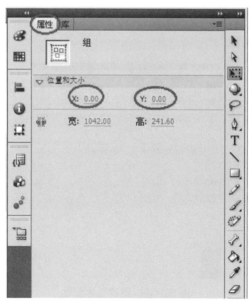

图 3.11-11　改变元件属性

10. 回到图层 1 的第 1 帧，右击，在弹出的快捷菜单中选择"创建传统补间"命令，如图 3.11-12 所示。

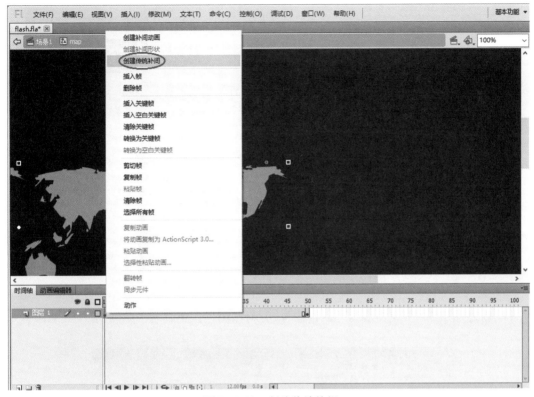

图 3.11-12　创建传统补间

11. 单击场景 1，回到场景 1 的操作界面。在"时间轴"面板中，新建图层 2，双击图层 2，并将图层 2 重命名为"前地图"。如图 3.11-13、图 3.11-14 所示。

图 3.11-13　回到场景 1

图 3.11-14　图层重命名

12. 选择"前地图"图层的第 1 帧，将"库"中的 map 元件拖至场景 1 的"地球"上，并选择合适的位置，如图 3.11-15 所示。

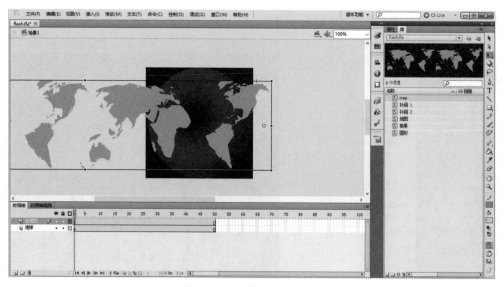

图 3.11-15　放入 map 元件

13. 新建图层 3，并重命名为"后地图"，并将该图层拖至底层，如图 3.11-16 所示。

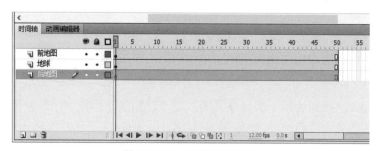

图 3.11-16　更换图层位置

14. 选择"后地图"的第 1 帧，改变场景 1 中右上角的图片比例大小，更换为 50%，再从库中拖 map 元件到场景 1 中，效果如图 3.11-17 所示。

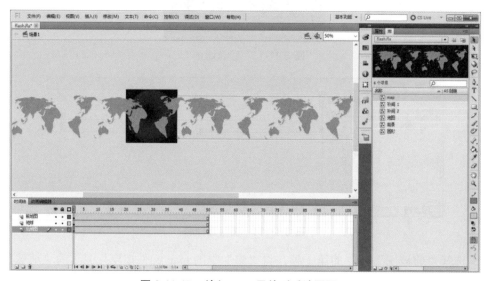

图 3.11-17　放入 map 元件到后地图图层

15. 选择工具栏中的"随意变形工具",找到 map 元件上的轴心点,并将轴心点移动到元件的中心位置处,如图 3.11-18、图 3.11-19 所示。

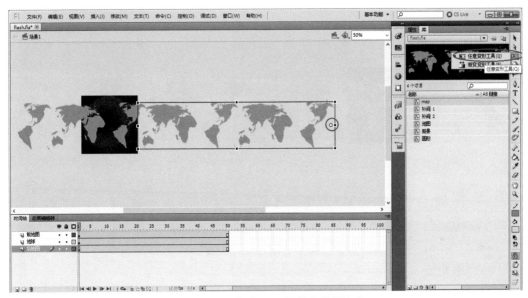

图 3.11-18　找到 map 元件上的轴心点

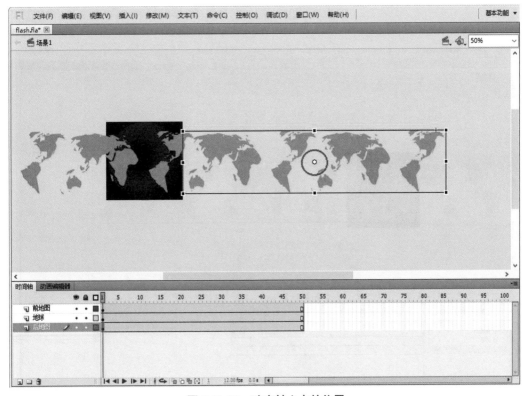

图 3.11-19　改变轴心点的位置

16. 将光标放在元件右边框,出现双箭头标志时,对该元件进行水平翻转,同时保持它与原元件重合,如图 3.11-20、图 3.11-21 所示。

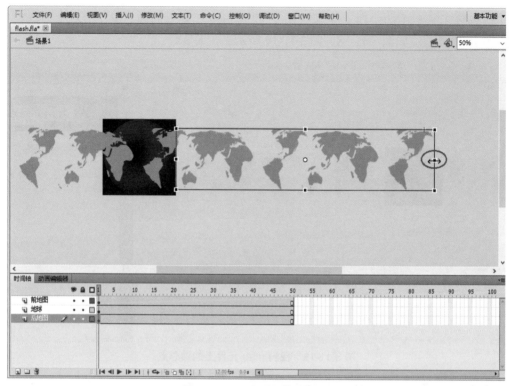

图 3.11-20　出现双箭头标识

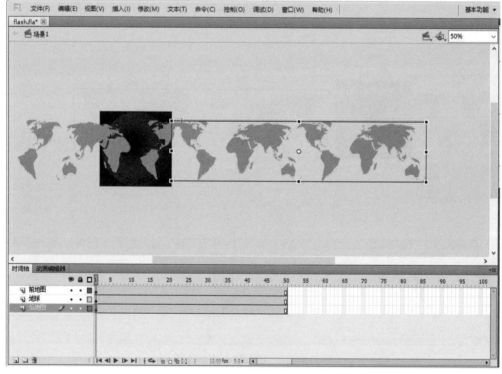

图 3.11-21　翻转元件

17. 移动该元件使之位于"地球"后面的恰当位置。效果如图 3.11-22 所示。

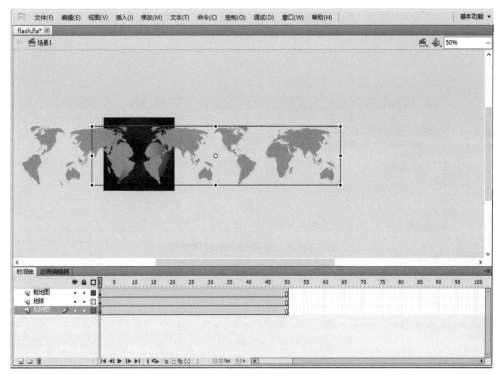

图 3.11-22　移动元件到恰当位置

18. 新建图层 4，并将图层 4 移到顶层，右击，在弹出的快捷菜单中选择"遮罩层"命令，如图 3.11-23 所示。

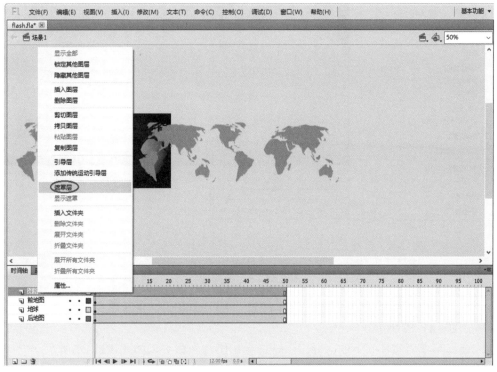

图 3.11-23　创建遮罩层

19. 选择"地球"图层，按 Ctrl+C 组合键对地球进行复制，再选择图层 4 的第 1 帧，按 Ctrl+Shift+V 组合键进行原图粘贴。再将"地球"图层和"后地图"图层拖到遮罩层内，如图 3.11-24 所示。

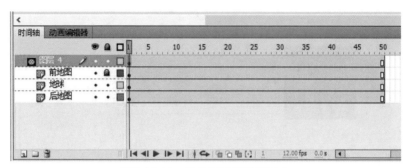

图 3.11-24　移动图层至遮罩层内

20. 按 Ctrl+Enter 键可观看影片效果。选择菜单"文件"下的"另存为"命令，如图 3.11-25 所示。

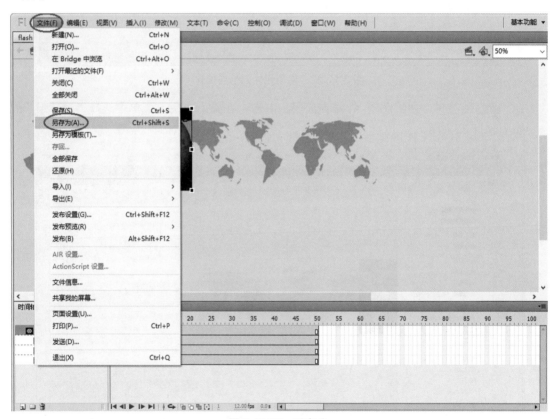

图 3.11-25　另存为

21. 将文件保存至考生文件夹中，"文件名"为 flash.fla，"保存类型"选择"Flash CS5 文档"，如图 3.11-26 所示。

22. 选择菜单"文件"下的"导出"→"导出影片"命令，如图 3.11-27 所示。

图 3.11-26　保存类型选择

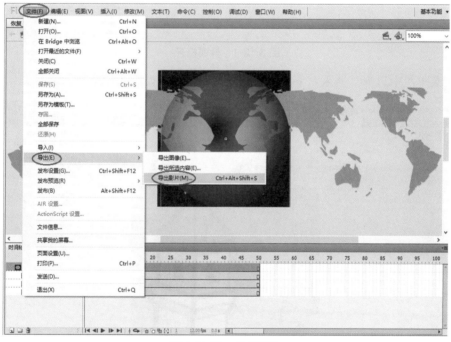

图 3.11-27　导出影片

23. 导出影片至相应文件夹中，"文件名"为 flash.swf，"保存类型"为"SWF 影片"。

3.12　案例 11：水中涟漪

在文件夹中有效果.swf 和素材文件，请按照如下要求完成文件效果.swf 所示的效果。

1. 新建 flash.fla 文件。
2. 利用资源素材文件，参考"效果.swf"，完成如文件效果.swf 所示的效果。
3. 保存结果为 flash.fla 文件，并以 flash.swf 为名导出影片到相应文件夹中。

【操作要点】

1. 打开 Flash CS5，进入如图 3.12-1 所示操作页面。

图 3.12-1　界面打开

2. 在菜单栏中选择"插入"下的"新建元件"命令，如图 3.12-2 所示。

图 3.12-2　新建元件

3. 将所建的元件重命名为"水滴+水波"，"类型"选择"影片剪辑"，如图 3.12-3 所示。

4. 进入元件编辑界面后，选择"库"中的"水滴"元件，将它拉到画布上。为了方便操作，需要在"属性"中单击"舞台"处的颜色方块，将白色换成黑色。操作如图 3.12-4、图 3.12-5 所示。

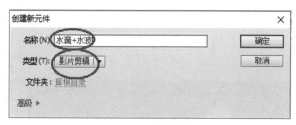

图 3.12-3　创建新元件

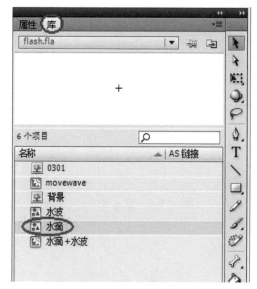

图 3.12-4　水滴元件

图 3.12-5　更换舞台背景颜色

5. 回到"库"中，将"水滴"元件拖至舞台中的适当位置处，如图 3.12-6 所示。

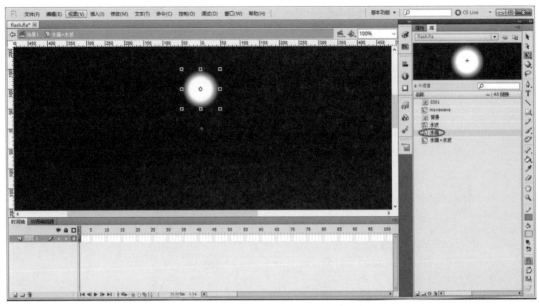

图 3.12-6　放入水滴元件

6. 将光标放至矩形外框右下角，当出现一个双向小箭头时，按住 Shift 键，将水滴图形等比例变小。效果如图 3.12-7 所示。

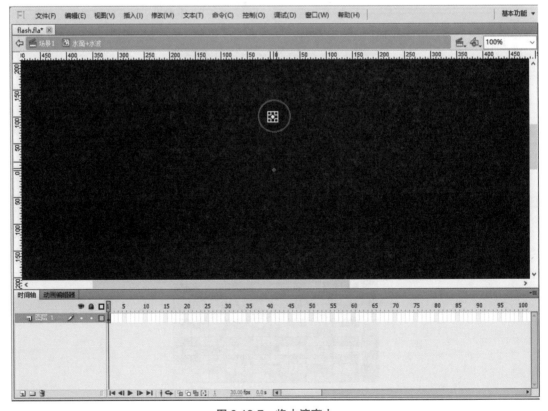

图 3.12-7　将水滴变小

7. 选择图层 1 的第 20 帧，右击，在弹出的快捷菜单中选择"插入关键帧"命令，如图 3.12-8 所示。

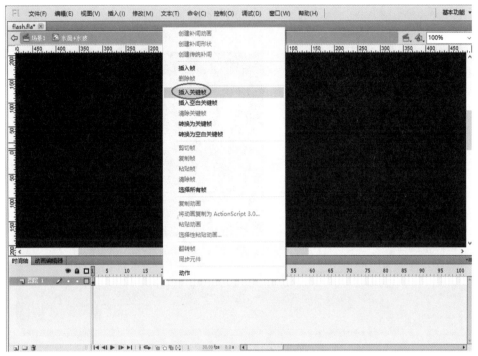

图 3.12-8　插入关键帧

8. 按住键盘中的方向键的下移键，将水滴平移到相应位置。效果如图 3.12-9 所示。

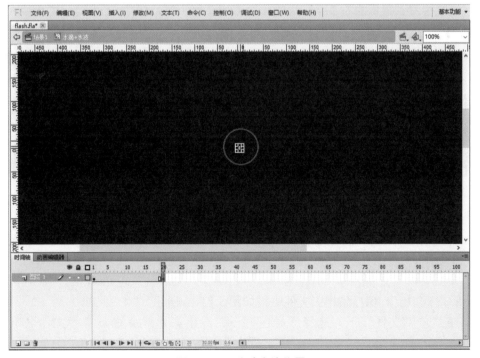

图 3.12-9　移动水滴位置

9. 选择第 1 帧，右击，在弹出的快捷菜单中选择"创建传统补间"命令，如图 3.12-10 所示。

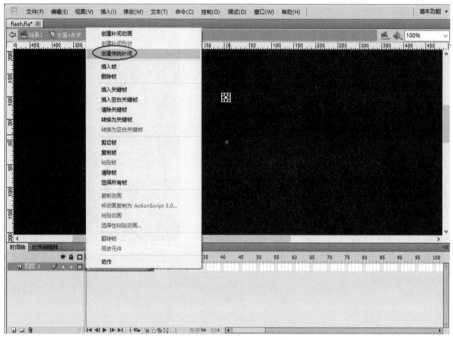

图 3.12-10　创建传统补间

10. 选择第 20 帧，右击，在弹出的快捷菜单中选择"插入空白关键帧"命令。再到"库"中选择 movewave 元件，将元件拖入舞台中。效果如图 3.12-11 所示。

11. 当光标移到矩形的右下角，出现一个双向小箭头时，按住 Shift 键，对水波大小进行调整，同时，将水波调成贬状。效果如图 3.12-12 所示。

图 3.12-11　放入 movewave 元件

图 3.12-12　对水波进行变形

12. 选择第 60 帧，右击，在弹出的快捷菜单中选择"插入帧"命令。

13. 回到场景 1，将"库"中做好的"水滴+水波"的元件拖入舞台的适当位置处，如图 3.12-13 所示。

14. 单击菜单"文件"→"另存为"命令，保存"文件名"为 flash.fla，"保存类型"选择"Flash CS5 文档"，保存到相应文件中，如图 3.12-14 所示。

15. 在菜单"文件"下，选择"导出"→"导出影片"命令，将"文件名"命名为 flash.swf，"保存类型"为"SWF 影片"，保存到相应文件夹下，如图 3.12-15、图 3.12-16 所示。

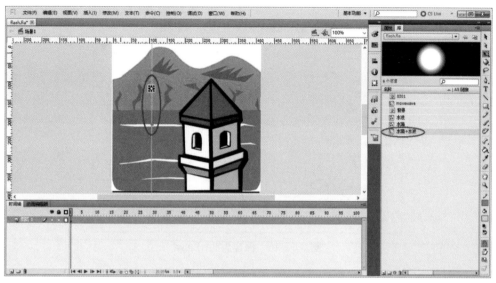

图 3.12-13　将新元件放入场景 1 中

图 3.12-14　另存为 flash.fla

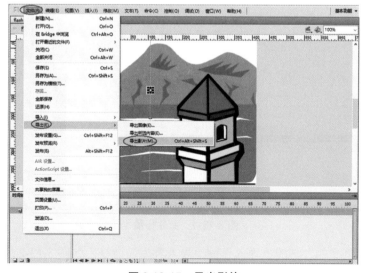

图 3.12-15　导出影片

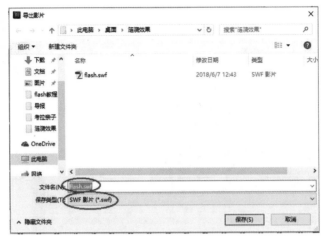

图 3.12-16　保存为 flash.swf

3.13　案例 12：葬花吟

在文件夹中有效果.swf 和素材文件，请按照如下要求完成如文件效果.swf 所示的效果。

1. 打开 flash.fla 文件。

2. 利用 flash.fla 文件中的资源，参考 flash.gif，完成如文件 flash.gif 所示的效果。

3. 保存结果为 flash.fla 文件，并以 flash.swf 为名导出影片到相应文件夹中。

【操作要点】

1. 打开 Flash CS5，选择"新建"→"ActionScript3.0"，新建文件，进入场景 1，界面如图 3.13-1 所示。

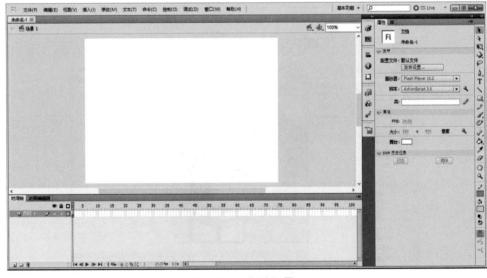

图 3.13-1　新建场景 1

2. 选择菜单"文件"下的"导入"→"导入到库"命令，如图 3.13-2 所示。

3. 按住 Ctrl 键，同时选择考生文件夹下的"人物""树"两个文件，导入到"库"中。

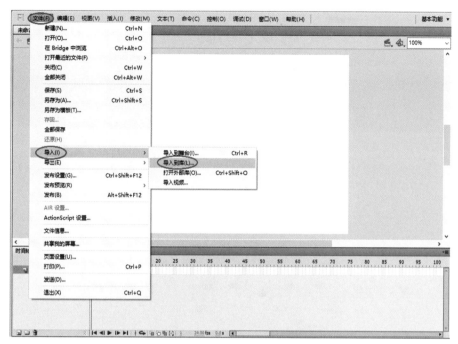

图 3.13-2　将元件导入到库

4. 选择菜单"修改"下的"文档"命令，如图 3.13-3 所示。

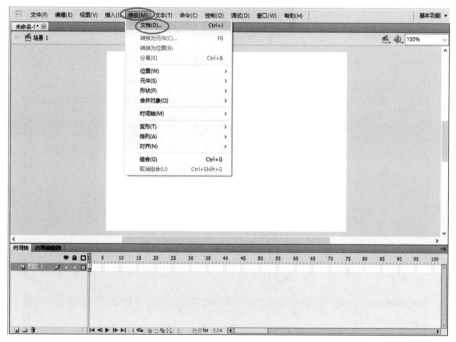

图 3.13-3　修改文档

5. 修改文档尺寸为 467 像素（宽度）×529 像素（高度），如图 3.13-4 所示。

6. 将"背景颜色"修改成淡黄色，如图 3.13-5 所示。

7. 回到场景 1 的操作界面，将"库"中的"人物"和"树"两个元件依次拖到画布上，并调整好位置。效果如图 3.13-6 所示。

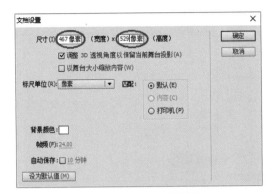

图 3.13-4　修改文档大小

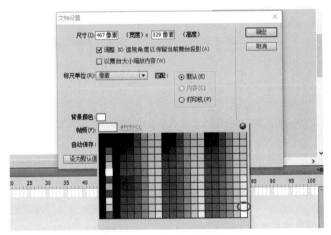

图 3.13-5　修改背景颜色

图 3.13-6　在图层 1 中放入"人物"和"树"

8. 双击"时间轴"面板中的"图层 1"，将它重命名为"底图"，如图 3.13-7 所示。

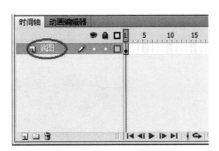

图 3.13-7　图层重命名

9. 选择第 200 帧，右击，在弹出的快捷菜单中选择"插入帧"命令，如图 3.13-8 所示。

图 3.13-8　插入帧

10. 单击"时间轴"面板左下角的"新建图层"按钮，新建图层 2，双击图层 2 并重命名为"遮罩"，如图 3.13-9 所示。

11. 选择工具栏中的"矩形工具"，在画布的恰当位置处拉出一个矩形黑框，如图 3.13-10、图 3.13-11 所示。

图 3.13-9　新建图层

图 3.13-10　选择矩形工具

12. 当光标放在矩形边缘时，会出现一个带着弧线的小箭头，此时双击，再按 Delete 键，将矩形边框删去。

图 3.13-11　在场景 1 中画出黑色遮罩

13. 单击矩形，再在"颜色"中将颜色模式改成"线性渐变"，如图 3.13-12 所示。

14. 在"颜色带"下方的适当位置增加两个取色点，选择第一个取色点，将其 Alpha 的值调整为 0，如图 3.13-13、图 3.13-14 所示。

15. 同理，选择最后一个取色点，将其 Alpha 的值调整为 0。效果如图 3.13-15 所示。

图 3.13-12　改变颜色模式

图 3.13-13　增加两个取色点

图 3.13-14　调整 Alpha 值

图 3.13-15　再次调整 Alpha 值

16. 新建图层 3，双击"图层 3"，将"图层 3"重命名为"文字"，如图 3.13-16 所示。

图 3.13-16　新建图层

17. 找到相应文件夹下的文字.txt，打开该文档，选中诗词内容，按 Ctrl+C 组合键进行文档复制。

18. 选择工具栏中的"文本工具"，在"属性"面板中将静态文本的放置形式改成"垂直"，如图 3.13-17、图 3.13-18 所示。

图 3.13-17　文本工具

图 3.13-18　调整文本

19. 选择场景 1 画布的适当位置，单击鼠标，将出现一个空白文本框，按 Ctrl+V 组合键进行文本的粘贴。效果如图 3.13-19 所示。

图 3.13-19　粘贴文字

20. 选择"文字"图层的第 200 帧，右击，在弹出的快捷菜单中选择"转换为关键帧"命令，如图 3.13-20 所示。

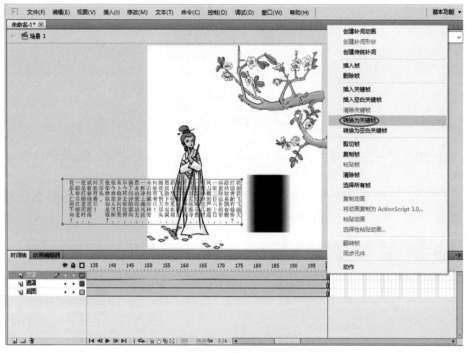

图 3.13-20　转化为关键帧

21. 利用键盘中的方向键，将文字框向右平移至恰当位置，如图 3.13-21 所示。

图 3.13-21　移动文字框

22. 选择"文字"图层的第 1 帧，右击，在弹出的快捷菜单中选择"创建传统补间"命令，如图 3.13-22 所示。

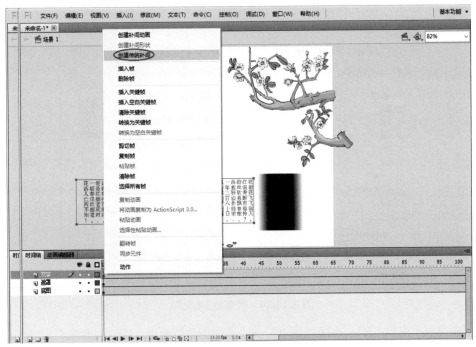

图 3.13-22　创建传统补间

23. 选择"文字"图层，右击，在弹出的快捷菜单中选择"遮罩层"命令，效果如图 3.13-23 所示。

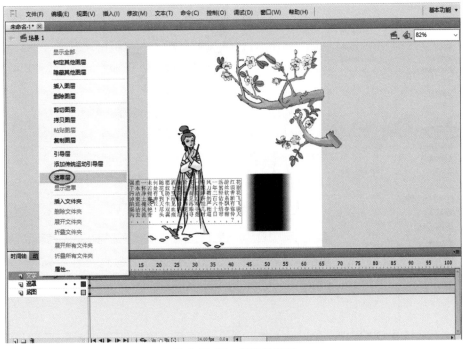

图 3.13-23　创建遮罩层

24. 按 Ctrl+Enter 组合键，可观看影片效果。

25. 单击菜单"文件"→"另存为"命令，保存"文件名"为 flash.fla，"保存类型"选择"Flash CS5 文档"，保存到相应文件中，如图 3.13-24 所示。

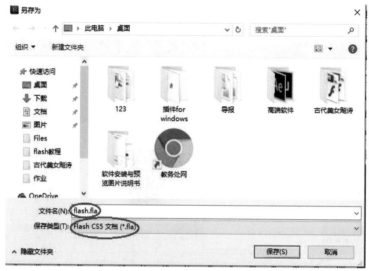

图 3.13-24　另存为 flash.fla

26. 在菜单"文件"下，选择"导出"→"导出影片"命令，将"文件名"设为 flash.swf，"保存类型"设为"SWF 影片"，保存到相应文件夹下，如图 3.13-25、图 3.13-26 所示。

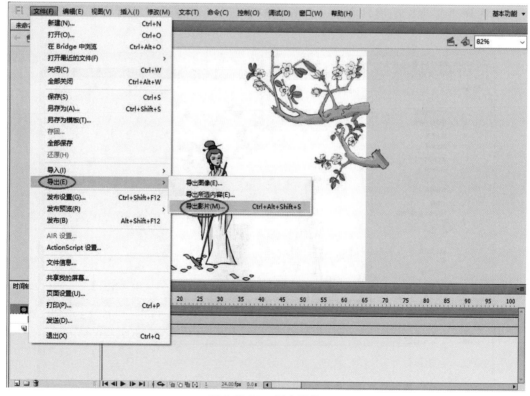

图 3.13-25　导出影片

260

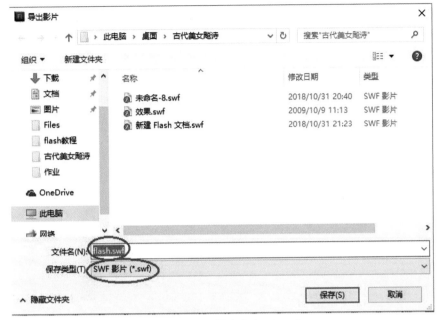

图 3.13-26　导出为 flash.swf

3.14　案例 13：时钟

在文件夹中有效果.swf 和素材文件，请按照如下要求完成如文件效果.swf 所示的效果。

1. 打开 flash.fla 文件。

2. 利用 flash.fla 文件中的资源，参考 flash.gif，完成如文件 flash.gif 所示的效果。

3. 保存结果为 flash.fla 文件，并以 flash.swf 为名称导出影片到相应文件夹中。

【操作要点】

1 打开文件夹，选择并打开第一个文件：flash.fla，如图 3.14-1 所示。

图 3.14-1　打开文件

2. 打开后进入软件操作页面，如图 3.14-2 所示。

3. 单击菜单 "插入" → "新建元件" 命令，如图 3.14-3 所示。

4. 将新建元件重命名为 "时针与分针"，"类型" 改为 "影片剪辑"，如图 3.14-4 所示。

图 3.14-2　打开界面图

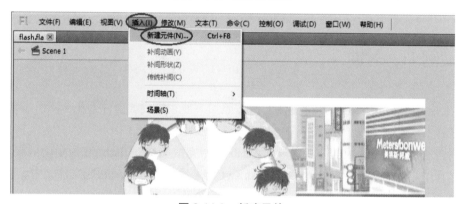

图 3.14-3　新建元件

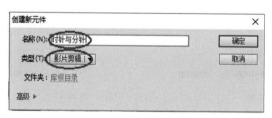

图 3.14-4　元件重命名及类型选择

5. 进入元件编辑界面后，到"库"中选择"分针元件"，将分针拉入编辑界面中，如图 3.14-5 所示。

6. 选择工具栏中的"任意变形工具"，效果如图 3.14-6 所示。

7. 移动分针，使得分钟的旋转中心位于画面中心位置，同时，将光标靠近分针重心点，当箭头右下角出现一个小圆圈时，将该重心点进行移动，使得重心点与分针的旋转中心重合。效果如图 3.14-7 所示。

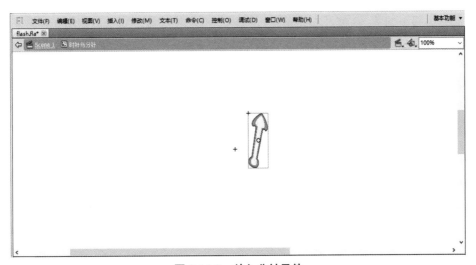

图 3.14-5　放入分针元件

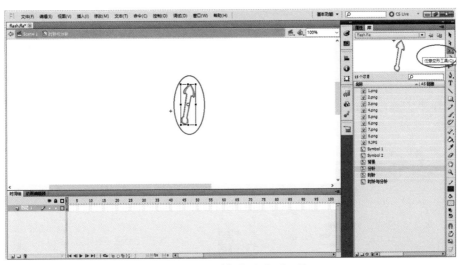

图 3.14-6　选择任意变形工具

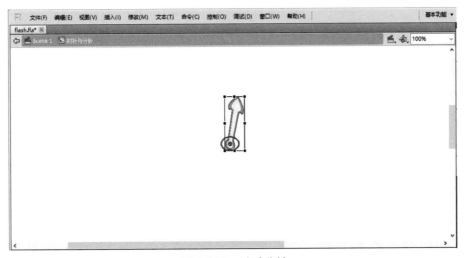

图 3.14-7　移动分针

8. 选择图层 1 的第 80 帧，右键单击，选择"插入关键帧"命令，如图 3.14-8 所示。

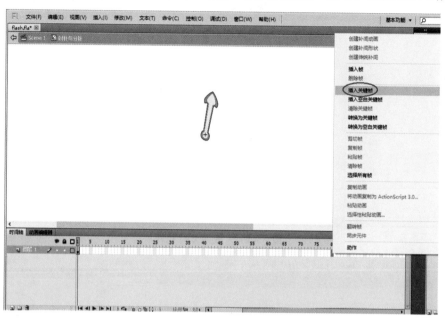

图 3.14-8　插入关键帧

9. 选择第 1 帧，右击，在弹出的快捷菜单中选择"创建传统补间"命令，如图 3.14-9 所示。

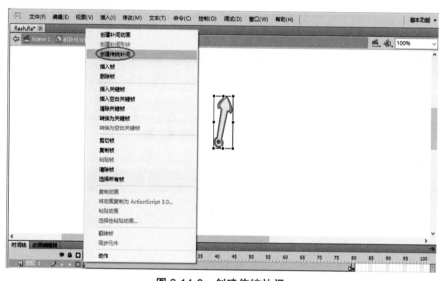

图 3.14-9　创建传统补间

10. 单击"分针"元件，选择"属性"面板，选择顺时针旋转模式，数字选择 12，如图 3.14-10 所示。

11. 新建图层 2，将"库"中的"时针"元件拉到画面编辑中，与"分针"相同操作，使得"时针"的旋转中心与重心重合如图 3.14-11、图 3.14-12 所示。

12. 选择图层 2 的第 80 帧，右击，在弹出的快捷菜单中选择"转换为关键帧"命令，如图 3.14-13 所示。

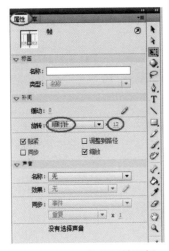

图 3.14-10 编辑属性面板

图 3.14-11 新建图层 2

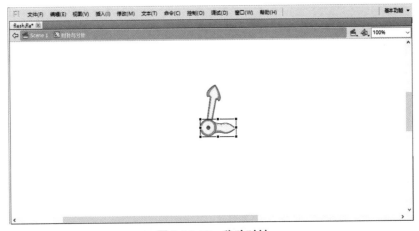

图 3.14-12 移动时针

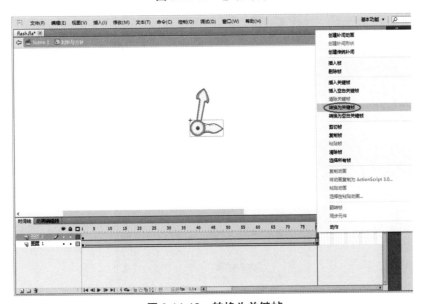

图 3.14-13 转换为关键帧

13. 选择图层 2 的第 1 帧，右键单击，选择"创建传统补间"命令，如图 3.14-14 所示。

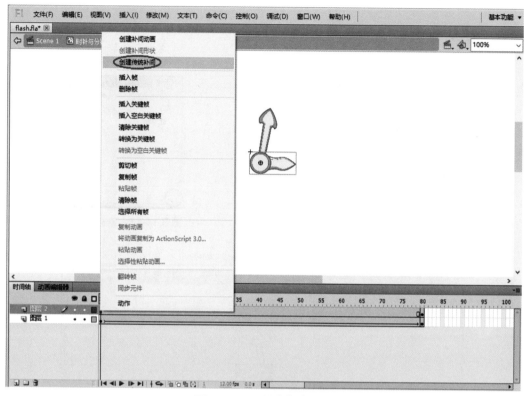

图 3.14-14　创建传统补间

14. 选择工具栏中的"任意变形工具"，再单击"时针"元件，选择"属性"面板，选择顺时针旋转模式，数字选择 1，如图 3.14-15 所示。

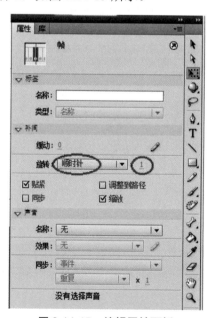

图 3.14-15　编辑属性面板

15. 回到场景 1，将"时针与分针"元件拉入场景 1 背景时钟的中心部位。效果如图 3.14-16 所示。

16. 选择图层 1 的第 60 帧，右击，在弹出的快捷菜单中选择"转换为关键帧"命令，如图 3.14-17 所示。

图 3.14-16　将时针与分针放入时钟中心

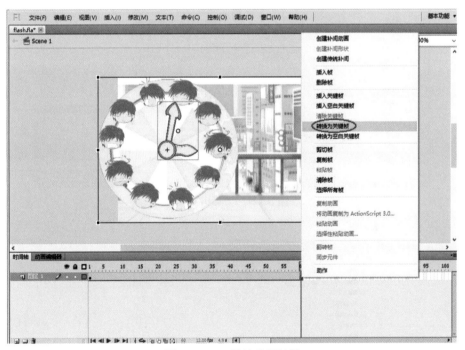

图 3.14-17　转换为关键帧

17. 单击菜单"文件"→"另存为"命令，保存文件名为 flash.fla，"保存类型"选择 "Flash CS5 文档"，如图 3.14-18 所示。

18. 单击菜单"文件"→"导出"→"导出影片"命令，将"文件名"命名为 flash.swf， "保存类型"为"SWF 影片"，保存到相应文件夹下，如图 3.14-19、图 3.14-20 所示。

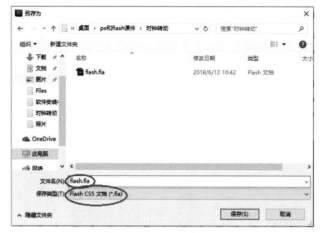

图 3.14-18　存储文件

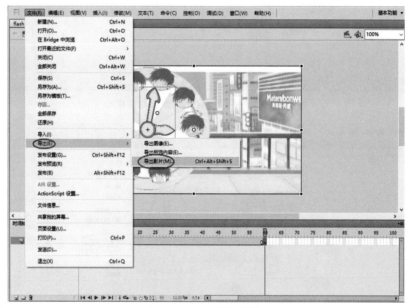

图 3.14-19　导出影片

图 3.14-20　导出影片至考生文件夹下

第4章 Photoshop 习题及解析

1. 如图 表示的是选用 **T** (文字工具) 时，所对应的属性栏。在该属性栏中，红色圆圈所圈的标记表示（   ）。

A. 提交当前编辑   B. 创建变形文本

C. 取消当前编辑   D. 添加下划线

答案：B

解析：选用 **T** (文字工具) 时，对应的属性栏分别是设置字号、设置消除锯齿的方法、左/中/右对齐文本、设置文本颜色、创建变形文本、设置字符和段落面板、取消当前编辑、提交当前编辑。故答案选 B。

2. Photoshop 7.0 图像处理软件是以下哪个公司出品的（   ）。

A. MicroSoft   B. Autodesk

C. Adobe   D. Macromedia

答案：C

解析：Photoshop 7.0 是由 Adobe Systems 开发和发行的图像处理软件，主要用来处理以像素所构成的数字图像。故答案选 C。

3. 如图 在红色圆圈内的标记表示（   ）。

A 设置前景色

B. 切换前景和背景色

C. 默认前景（白色）和背景（黑色）色

D. 默认前景（黑色）和背景（白色）色

答案：D

解析：此图表示在 PS 中设置默认前景色和背景色，前景色默认状态下为黑色，背景色默认状态下为白色。故答案选 D。

4. 下面哪个图标表示"钢笔工具"（   ）。

A.   B.   C.   D.

答案：D

解析：在 PS 中，A 选项图标表示"切片工具"，B 选项图标表示"铅笔工具"，C 选项图标表示"画笔工具"，D 选项图标表示"钢笔工具"。故答案选 D。

5. 哪种文件格式可以很好地保存层、通道、路径、蒙版及压缩方案且不会导致数据丢失（　　）。

A. BMP（位图格式）　　　　　　　　　B. PSD（photoshop 专用格式）

C. PDF（数字文档）　　　　　　　　　D. JPEG（联合图片专家组）

答案：B

解析：PSD 格式（*.psd）是 Photoshop 软件的默认文件格式，它可以很好地保存层、通道、路径、蒙版及压缩方案且不会导致数据丢失，便于修改图像。故答案选 B。

6. 下面哪个工具表示"文字工具"（　　）。

A. T.　　　　　B. 　　　　　C. 　　　　　D.

答案：A

解析：在 PS 中，A 选项图标表示文字工具，B 选项图标表示修复画笔工具，C 选项图标表示模糊工具，D 选项图标表示减淡工具。故答案选 A。

7. 下面哪个工具可以减小图像的饱和度（　　）。

A. （海绵工具）　　　　　　　　　B. （选择工具）

C. （渐变工具）　　　　　　　　　D. （钢笔工具）

答案：A

解析：A 选项图标表示海绵工具，可用于调整图像的饱和度；B 选项图标表示矩形选框工具，可用于创建规则选区；C 选项图标表示渐变工具，可用于快速制作渐变图案；D 选项图标表示钢笔工具，是基本的形状绘制工具，可用来绘制直线或曲线，并可在绘制形状的过程中对形状进行简单编辑。故答案选 A。

8. 如下图所示，选取的是图片中的白色部分，以下哪种工具不能一次实现这样的选取效果（　　）。

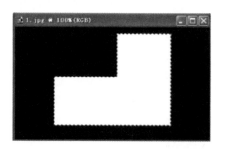

A. 魔棒工具　　　　　　　　　　　B. 磁性套锁工具

C. 多边形套锁工具　　　　　　　　D. 矩形选择工具

答案：D

解析："魔棒工具"是灵活性很强的选择工具，通常用它选取图像中颜色相同或相近的区域，而不必跟踪其轮廓。图片中的白色部分，可用"魔棒工具"一次性选取；"磁性套索工具"可以自动捕捉图像对比度较大的两部分的边界，像磁铁一样吸附的方式、沿着图像边界绘制选取范围，它特别适用于选择边缘与背景对比强烈的对象，图片中的白色部分，可用"磁性套索工具"一次性选取；"多边形套索工具"可以通过单击图像上不同的点，来制作多边形选区，图片中的白色部分，可用"多边形套索工具"一次性选取；"矩形选择工具"用于创建规则选区，图片中的白色部分可用"矩形选择工具"属性中的"添加到选区"来获得，即先用此工具做一个横向矩形选区，再利用"添加到选区"做一个纵向矩形选区，需要做两次选取。四个选项中的工具都可得到题目要求的结果，但 D 选项需要做两次选取，故此题选 D。

9. 如下图所示，编辑此图所使用的视图菜单命令为（　　）。

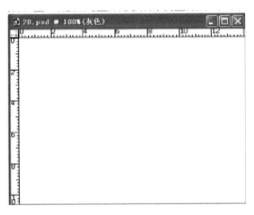

A. 显示切片
B. 参考线
C. 标尺
D. 显示网络

答案：C

解析：利用标尺和参考线可以精确定位图像的位置，标尺位于图像的顶部和左侧，参考线是浮在整个图像窗口中，但不被打印的直线，故此题选 C。打开或关闭标尺，可选择"视图"→"标尺"命令，或按 Ctrl+R 组合键。

10. 单击"图层"面板上眼睛图标右侧的方框，出现一个链条表示（　　）。

A. 该图层被隐藏
B. 该图层不被打印
C. 该图层被锁定
D. 该图层与激活的图层链接，两者可以一起移动和变形

答案：D

解析：在编辑图像时，用户可能经常需要对多个图层中的图像进行同时移动或变形等操作，此时便可使用系统提供的图层链接功能，单击"图层"面板上眼睛图标右侧的方框，出现一个链条，即表示该图层与激活的图层链接，两者可以一起移动和变形。故答案选 D。

11. 如下图所示为一通道调板，有关"通道"面板的说法错误的是（　　）。

A. 根据颜色模式的不同，"通道"面板中通道的数目也不同
B. "通道"面板中可创建新通道

C. "通道"面板可用来创建新图层

D. "通道"面板可用来储存选区

答案：D

解析：通道主要用于保存颜色数据，对于不同颜色模式的图像，其通道表示方法及数目也不一样。例如：一个 RGB 模式的彩色图像包括了"RGB""红""绿""蓝"四个通道，对于 CMYK 模式的图像来说，其通道有 5 个，即 CMYK 合成通道、C 通道（青色）、M 通道（洋红）、Y 通道（黄色）与 K 通道（黑色）。利用"通道"面板用户可以创建通道、复制通道、删除通道、合并通道和分离通道，但不能用来储存选区，故答案选 D。

12. 要画一个正方形，最好的方法是（　　）。

A. Alt+Ctrl+⬚

B. Shift+⬚

C. Ctrl+Shift+⬚

D. 直接用 ⬚ 通过手动精确控制地画一个正方形

答案：B

解析：选择矩形选框工具后，按住 Shift 键在图像中拖动鼠标，可以拖出一个正方形选区；按住 Alt 键在图像中拖动鼠标，将以拖动的开始点作为中心来制作选区；同时按住 Shift+Alt 键在图像中拖动鼠标，将以拖动的开始点为中心制作出一个正方形选区。故答案选 B。

13. 下面哪个图标表示"画笔工具"（　　）。

A. ⬚　　　　B. ⬚　　　　C. ⬚　　　　D. ⬚

答案：B

解析：A 选项图标表示"修复画笔工具"，B 选项图标表示"画笔工具"，C 选项图标表示"切片工具"，D 选项图标表示"吸管工具"。故答案选 B。

14. 以下哪样工具不能产生一个用来进行编辑的选区（　　）。

A. ⬚　　　　B. ⬚　　　　C. ⬚　　　　D. ⬚

答案：D

解析：A 选项图标表示"魔棒工具"，可用于选取图像中颜色相同或相近的区域；B 选项图标表示"钢笔工具"，可用来绘制直线或曲线，并可在绘制形状的过程中对形状进行简单编辑；C 选项图标表示"磁性套索工具"，可自动捕捉图像对比度较大的两部分的边界；D 选项图标表示"裁剪工具"，可以按照自己的需要，裁剪掉画面中不需要的部分，更好地突出主题。"魔棒工具"、"钢笔工具"和"磁性套索工具"都可以产生一个用来进行编辑的选区，而"裁剪工具"不能，故此题选 D。

15. 从图片 1⬚到图片 2⬚使用了哪种操作（　　）。

A. 扩大选区　　　　　　　　　　B. 缩小选区

C. 描边　　　　　　　　　　　　D. 羽化

答案：D

解析：选区的羽化是 Photoshop 中使用频率非常高的一个命令，利用它可以使选区的边缘呈现柔和的淡化效果，仔细观察图片 2，可以看出选区呈现的是柔和效果，即执行了羽化命令，故答案选 D。设置选区羽化的方法有两种：一种是在制作完选区之后，直接选择"羽化"命令，在弹出的对话框中设置；另一种是在制作选区之前，先在工具属性栏中设置羽化值。

16. 下图表示的是一张被编辑的图片及相对应的"图层"面板，在其选区内用 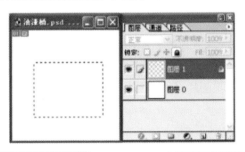 （油漆桶工具）进行填充，最后所得到的结果是哪个图片（　　）。

A.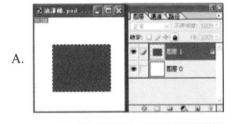

B.

C.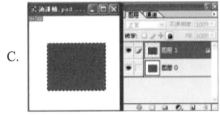

D.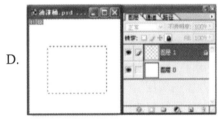

答案：D

解析：观察图层 1 可知，此图层被锁定了，表示禁止对该层的一切操作，选区内将无法使用油漆桶工具进行填充，故答案选 D。

17. 下图表示的是一个"通道"面板，在红色圆圈内的标记符表示什么意思（　　）。

A. 删除当前通道　　　　　　　　　　B. 添加蒙版

C. 将通道作为选区载入　　　　　　　D. 创建新通道

答案：C

解析："通道"面板下方标记符依次表示：将通道作为选区载入、将选区存储为通道、创建新通道、删除当前通道，故答案选 C。

18. 用文字工具写入"Photoshop 7.0"后的初始图为图一，要达到的效果图为图二，请问用哪种方法可以实现（　　）。

273

图一　　　　　　　　　　　图二

A. 使用"自由变换工具"，进行放大操作

B. 使用"缩放工具"放大后，截取图片

C. 改变图像大小后，截取图片

D. 放大字体

答案：A

解析：观察初始图和效果图可知，图像进行了放大，文字被纵向拉伸了，即使用了自由变换工具，对图像整体进行了放大操作，故答案选 A。

19. 如何复制一个图层（　　　）。

A. 选择"文件"→"复制图层"

B. 将图层拖放到"图层"面板下方"创建新图层"按钮上

C. 选择"编辑"→"复制"

D. 选择"图像"→"复制"

答案：B

解析：常用复制图层的方法有：①在"图层"面板中选择图层，将它拖动到"图层"面板右下角的"新建图层"按钮上，松开手后，就会自动新建复制一个图层；②选择"图层"菜单→"复制图层"，也可以选择"图层"菜单→"新建"→"通过拷贝的图层"来复制图层；③选择要复制的图层，按快捷键 Ctrl+J，一键复制图层。故答案选 B。

20. 打开一个图片文件后，选择其右侧部分作为选区（如下图）进行如下操作：反选→做旋转 180 度变换→用白色描边，最后生成的图片应为（　　　）。

A.

B.

C.

D.

答案：A

解析：如图所示，选择图片右侧部分作为选区，执行反选操作后，图片左侧成为选区（即骑摩托车的人物），执行旋转 180 度和用白色描边都只针对左侧选区进行操作，右侧人物没有变化，故答案选 A。

21. 下图表示的是一个"图层"面板，在红色圆圈内的标记符表示什么意思（　　　）。

A. 创建新图层　　　　　　　　　　　　B. 删除图层
C. 添加蒙版　　　　　　　　　　　　　D. 添加图层样式

答案：B

解析："图层"面板下方标记符依次表示：添加图层样式、添加图层蒙版、创建新组、创建新的填充或调整图层、创建新图层、删除图层，故答案选 B。

22. 仔细查看下图，在此图片上正在进行的操作应该是（　　　）。

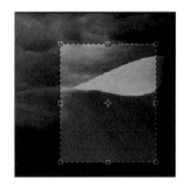

A. 选取操作　　　　　　　　　　　　　B. 移动操作
C. 裁剪操作　　　　　　　　　　　　　D. 变换操作

答案：C

解析：如图所示，被选择的部分有 8 个控制点，由此可排除 A 和 B 答案，被选择部分以外有透明的部分未被选择，由此可排除 D 答案，可判断出此图片上正在进行的是裁剪操作，故答案选 C。

23. 以下有关 工具的说法中，错误的是（　　　）。

A. 在"魔棒工具"工作时，可以选中任意对象的相似颜色区域
B. 选择该工具后，可选择"魔棒工具"或多边形工具
C. 使用该工具可拖曳出不规则的或多边形的选取范围以选择对象
D. 在多边形工具工作时，可以选取多边形区域中的对象

答案：A

解析：此题考查套索工具的相关作用和属性，"套索工具"的使用非常随意，可拖曳出不规则的或多边形的选区，可选择"魔棒工具"或"多边形工具"，在"多边形工具"工作时，可选取多边形区域中的对象。在"魔棒工具"工作时，若没有勾选"连续"或"对所有图层取样"属性，则不能选中任意对象的相似颜色区域，故答案选 A。

24. 仔细查看下图，它是用以下的哪个工具做成的（　　）。

A. 文字工具　　　　　　　　　　　　　B. 铅笔工具
C. 注释工具　　　　　　　　　　　　　D. 钢笔工具

答案 B

解析：如图所示，它不是系统中的字体，故排除 A 答案；"铅笔工具"通常用来绘制一些棱角比较突出且无边缘发散效果的线条，此图即为用"铅笔工具"绘制的；注释工具可以为图像的某个区域添加注释说明，方便下次操作或协同工作；"钢笔工具"用来绘制直线或曲线，并可在绘制形状的过程中对形状进行简单编辑。故答案选 B。

25. 下图是一"颜色"面板，其中的 ⚠ 标志是什么意思（　　）。

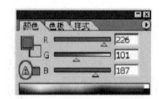

A. 没有任何意义
B. 警告该颜色已经超出 Web 颜色的范围
C. 警告该颜色不在 CMYK 范围内，打印时该颜色超出范围
D. 警告该颜色超出 RGB 模式所能表示的范围

答案 D

解析：如图所示，该"颜色"面板表示在 RGB 模式下，单击前景色或背景色颜色框，拖动 R、G、B 滑块或直接输入数值可以改变前景色或背景色，当出现警告标志时，表示该颜色超出 RGB 模式所能表示的范围。故答案选 D。单击"颜色"面板右上角的黑色三角形按钮，用户可以从打开的菜单中选择其他设置颜色的方式及颜色样板条类型。

26. 如下图所示，在对图片编辑处理时（只有一个图层），不小心画上了一根很长的黑色线条，以下哪种方法可以去除这根线条（　　）。

A. 使用 （橡皮擦工具）

B. 使用 （背景橡皮擦工具）

C. 使用 （魔术橡皮擦工具）

D. 在历史记录窗口中，撤销操作至原处

答案：D

解析：在只有一个图层的状态下，使用橡皮擦、背景橡皮擦和魔术橡皮擦工具会将黑色的线条和线条后的图像一起擦掉，并不能单独去除这根线条，此时可以选择在历史记录窗口中，撤销操作至原处，即回到画黑色线条之前的状态。故答案选 D。

27. 下图表示的是一个"图层"面板，里面有三个图层，这三个图层的名称是什么（从上往下）（　　　）。

A. 普通图层，普通图层，背景图层　　B. 普通图层，文本图层，背景图层

C. 文本图层，文本图层，普通图层　　D. 文本图层，普通图层，背景图层

答案：D

解析：文本图层的缩略图是一个"T"标志；普通图层是透明的缩略图；背景图层永远都在最下层，其中不包含透明区，无法为其设置效果，若要对背景图层进行处理，应首先将其转换为普通图层，即双击背景层解锁。图中三个图层依次是文本图层、普通图层、背景图层，故答案选 D。

28.有一完整 RGB 图像为图一，它所对应的 3 张通道图分别为（a）、（b）、（c），对（a）、（b）、（c）的判别，以下正确的选项是（　　　）。

图一　　　　　（a）　　　　　（b）　　　　　（c）

A. 图（a）（b）（c）分别对应 R，B，G 通道图

B. 图（a）（b）（c）分别对应 B，R，G 通道图

C. 图（a）（b）（c）分别对应 R，G，B 通道图

D. 图（a）（b）（c）分别对应 G，R，B 通道图

答案：C

解析：通道主要用于保存颜色数据，一个 RGB 模式的彩色图像包括了"RGB""红"

"绿""蓝"四个通道，"通道"面板最上面的通道为主通道，是其下方各单独颜色通道的合成效果，观察 3 张通道图可知，（a）、（b）、（c）分别为"红（R)""绿（G)""蓝（B)"通道，故答案选 C。

29. 如下图所示，编辑此图所使用的视图菜单命令为（　　）。

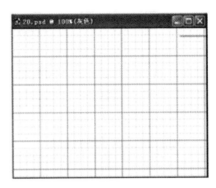

A. 参考线　　　　　　　　　　　　　　B. 显示切片
C. 标尺　　　　　　　　　　　　　　　D. 显示网络

答案：D

解析：利用标尺和参考线可以精确定位图像的位置，标尺位于图像的顶部和左侧，参考线是浮在整个图像窗口中，但不被打印的直线，此图中没有标尺和参考线；网格对于精细的操作非常有用，图中所示即为网格，选择"视图"→"显示"→"网格"菜单或按 Ctrl+' 组合键，可在图像窗口显示网格，故答案选 D。

30. 如何使用  工具在图像中取样（　　）。

A. 按住 Alt 键的同时单击取样位置

B. 按住 Ctrl 键的同时单击取样位置

C. 按住 Shift 键的同时单击取样位置来选择多个取样像素

D. 在取样的位置单击鼠标并拖拉

答案：A

解析：利用"仿制图章工具"，可将一幅图像的全部或部分复制到同一幅图像或另一幅图像中，通常用来去除照片中的污渍、杂点或进行图像合成，使用方法是按住 Alt 键的同时单击取样位置，然后松开鼠标在相应位置上涂抹，故答案选 A。

31. 下图表示的是一个"图层"面板，在红色圆圈内的标记符表示什么意思（　　）。

A. 创建新图层　　　　　　　　　　　　B. 添加蒙版
C. 添加图层样式　　　　　　　　　　　D. 删除图层

答案：A

解析："图层"面板下方标记符依次表示：添加图层样式、添加图层蒙版、创建新组、创建新的填充或调整图层、创建新图层、删除图层，故答案选 A。

32. 右图所示的是 Phtotshop 软件中的哪个重要部分（　　　）。

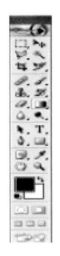

A. 信息栏　　　　　　　　　　　　B. 工具栏

C. 工具属性栏　　　　　　　　　　D. 面板组

答案：B

解析：Photoshop 的工具箱默认状态下显示在屏幕的左侧，包含所有基本工具，学会工具箱中每个工具的使用方法是 Photoshop 入门的第一要素。此图即为工具栏部分，故答案选 B。

33. 下图为调整"图像大小"对话框，像素大小为 14K，宽度为 80 像素，高度为 60 像素，如果把高度从 60 像素变到 120 像素，那么对应的宽度和像素大小分别为多少（　　　）。

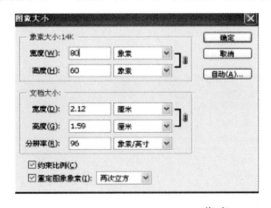

A. 80 像素，56K　　　　　　　　　　B. 160 像素，56K

C. 80 像素，28K　　　　　　　　　　D. 160 像素，28K

答案：B

解析：如图所示，图像大小被"约束比例"，当高度从 60 像素变到 120 像素，则对应的宽度将从 80 变到 160 像素；原图大小为 14K，高度扩大 2 倍，宽度扩大 2 倍，则图像大小扩大 4 倍，即对应的像素大小变为 56K。

34. 如下图为一个"图像大小"对话框，对其描述不正确的是（　　　）。

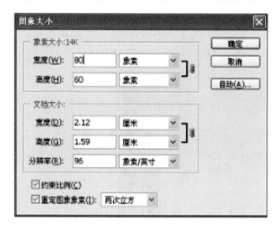

A. 当选择"重定图像像素"选项，但不选择"约束比例"选项时，图像的高度、宽度和分辨率任意修改

B. 在"图像大小"对话框中可以修改图像的高度、宽度和分辨率

C. "重定图像像素"选项后面的弹出项中有三种插值运算的方式可供选择，其中"两次立方"是最好的运算方式，但运算速度最慢

D. 当选择"约束比例"选项，图像的高度和宽度被锁定，不能被修改

答案：D

解析：在"图像大小"对话框中可以修改图像的高度、宽度和分辨率，当选择"重定图像像素"选项，更改图像的分辨率时图像的显示尺寸会相应改变，而打印尺寸不变，若取消该复选框，更改图像的分辨率时图像的打印尺寸会相应改变，而显示尺寸不变，选项后面的弹出项中有三种插值运算的方式可供选择，其中"两次立方"是最好的运算方式，但运算速度最慢；当选择"约束比例"选项，图像的高度或宽度将会按照比例进行修改，例如当修改其中的某一项时，系统会自动更改另一项，使图像的比例保持不变。故答案选D。

第 5 章　Flash 习题及解析

1. 对于在网络上播放动画来说，最适合的帧频率是（　　）。

A. 每秒 25 帧　　　　　　　　　　　　B. 每秒 12 帧

C. 每秒 24 帧　　　　　　　　　　　　D. 每秒 16 帧

答案：B

解析：对于网络上播放的动画来说，既要保证清晰，又要保证流畅，最适合的帧频率是每秒 12 帧，故答案选 B。

2. 使用下列哪个工具可以在舞台上写字（　　）。

A. 　　　　　　　　　　　　B.

C. 　　　　　　　　　　　　D.

答案：C

解析：A 选项为钢笔工具，用来绘制形状；B 选项为滴管工具，可以快速吸取其他图形的颜色和线段信息；C 选项为文本工具，可以在舞台上写字；D 选项为墨水瓶工具，一般用来给矢量线段填充颜色，或者给颜色块加上边框，可以改变线段的样式、粗细和颜色，它不能给矢量色块填充颜色，不具备任何的绘画能力。故答案选 C。

3. Flash MX 不支持下列哪种格式的图形文件（　　）。

A. gif　　　　　　　　B. png　　　　　　　　C. Bmp　　　　　　　　D. Psd

答案：D

解析：PSD 格式（*.psd）是 Photoshop 软件的默认文件格式，Flash 不支持此文件格式，故答案选 D。

4. Flash MX 中，形变动画的对象是（　　）。

A. 文本对象　　　　　　　　　　　　B. 位图对象

C. 矢量对象　　　　　　　　　　　　D. 以上都可以

答案：D

解析：所谓形状，就是在 Flash 中直接使用绘图工具绘制出来的矢量图形，或者是将其他对象分离出来的矢量图形。形状补间动画是 Flash 动画的一个主要组成部分，反映了在一段时间内将一个形状对象变形为另一个形状对象的过程，其对象可以是文本、位图或矢量对象，Flash 可以对图形的形状、大小、位置和颜色等进行形状改变。故答案选 D。

5. 创建如图所示的文字变大效果（从左到右依次是开始帧、中间帧和结束帧，边框表示舞台边界，也就是说所有内容都位于舞台正中心），以下操作中，不能实现这个效果的是（ 　　）。

A. 在开始帧中适当位置输入"动漫"并设置字体字号，然后按两次 Ctrl+B 键将文字打散为形状，在结束帧中修改该形状的位置和大小，然后在两帧之间设置形状补间动画

B. 在开始帧中适当位置输入"动漫"并设置字体字号，然后按 F8 键将其转化为元件，在结束帧中修改该元件的位置和大小，然后在两帧之间设置动作补间动画

C. 在开始帧中适当位置输入"动漫"并设置字体字号，在结束帧中修改文字的位置并设置字体字号，然后在两帧之间设置动作补间动画

D. 在开始帧中适当位置输入"动漫"并设置字体字号，然后按两次 Ctrl+G 键将其组合，在结束帧中修改该组合体的位置和大小，然后在两帧之间设置动作补间动画

答案：C

解析：如图所示的文字变大效果，形状补间动画或动作补间动画都可以实现，如果使用形状补间动画，必须先将文字"打散"为形状再变形；如果使用动作补间动画，其适用的对象必须是"元件"或"群组对象"，即必须先将文字转化为元件或者将文字进行组合。故答案选 C。

6. 编辑位图图像时，修改的是（ 　　）。

A. 直线　　　　　　B. 风格　　　　　　C. 像素　　　　　　D. 曲线

答案：C

解析：位图图像是由一个个点组成的，每一个点就是一个像素，编辑位图图像时，修改的是像素，故答案选 C。

7. Flash MX 中，元件共有几种类型（ 　　）。

A. 5　　　　　　　B. 4　　　　　　　C. 3　　　　　　　D. 2

答案：C

解析：元件是用于特效、动画和交互性的可重复使用的资源，Flash 中的元件根据它们在动画中的作用，分为图形、按钮和影片剪辑 3 种类型，故答案选 C。

8. 改变绘制图形的线条颜色和宽度，可以使用的工具是（ 　　）。

A. ![箭头工具]　　　B. ![墨水瓶工具]　　　C. ![颜料桶工具]　　　D. ![滴管工具]

答案：B

解析：A 选项为选择工具；B 选项为墨水瓶工具，它可以改变线段的样式、粗细和颜色，可以为矢量图形添加边线；C 选项为颜料桶工具，可以用颜色填充封闭区域或更改已涂色区域的颜色；D 选项为滴管工具，可以快速吸取其他图形的颜色和线段信息。故答案选 B。

9. 以下关于帧并帧动画和渐变动画的说法正确的是（ 　　）。

A. 前者不必记录各帧的完整记录，而后者必须记录完整的各帧记录

B. 两种动画模式 Flash MX 都必须记录完整的各帧信息

C. 以上说法均不对

D. 前者必须记录各帧的完整记录，而后者不用

答案：D

解析：帧并帧动画的原理是在"连续的关键帧"中分解动画动作，也就是在时间轴的每帧上逐帧绘制不同的内容，使其连续播放而成动画，它必须记录各帧的完整记录；渐变动画的特点是只要定义动画开始和结束两个关键帧中的内容即可，不需要记录各帧的完整记录，动画中各个过渡帧中的内容由 Flash 自动生成。故答案选 D。

10. 要生成如图的动画效果（从左到右依次是开始帧、中间变化帧 1、中间变化帧 2 和结束帧），正确的操作应该是（   ）。

A. 在开始帧中输入字母"A"并设置字体，在结束帧中输入字母"B"并设置字体，然后在两帧之间设置形状补间动画

B. 在开始帧中输入字母"A"并设置字体，然后按 Ctrl+B 组合键将其打散，在结束帧中输入字母"B"并设置字体，然后按 Ctrl+B 组合键将其打散，然后在两帧之间设置形状补间动画

C. 在开始帧中输入字母"A"并设置字体，然后按 Ctrl+B 组合键将其打散，在结束帧中输入字母"B"并设置字体，然后按 Ctrl+B 组合键将其打散，然后在两帧之间设置动作补间动画

D. 在开始帧中输入字母"A"并设置字体，在结束帧中输入字母"B"并设置字体，然后在两帧之间设置动作补间动画

答案：B

解析：如图所示的动画效果是从字母"A"变成字母"B"，可以判断为形状补间动画，在制作形状补间动画时，必须先将文字"打散"为形状再变形，故答案选 B。

11. 在 Flash MX 的"混色器"面板中的设置为 ![混色器设置]，那么用这个设置状态来画一个圆形，该圆形的填充色彩应该为

A. ●   B. ●   C. ●   D. ●

答案：B

解析：用如图所示的设置状态来画一个圆形，"混色器"面板渐变色左边的滑块用来设置圆心颜色，右边滑块用来设置圆外沿颜色，故答案选 B。

12. 在逐帧动 ![逐帧动画图标] 画中，当对舞台上的整个动画移动到其他位置时，需要对所有的关键帧进行同时移动，下列操作说法错误的是：

A. 首先取消要移动层的锁定同时把不需要移动的层锁定

B. 在移动整个动画到其他位置时，不需要单击时间轴上的"编辑多个帧"按钮

C. 在移动整个动画到其他位置时，需要使绘图纸标记覆盖所有帧

D. 在移动整个动画到其他位置时，对不需要移动的层可以隐藏

答案：C

解析：当对舞台上的整个动画移动到其他位置时，需要对所有的关键帧同时进行移动，此时为了防止误操作，可以将不需要移动的层锁定或隐藏，不需要单击时间轴上的"编辑多个帧"按钮，也不需要使用绘图纸标记覆盖所有帧，故答案选 C。

13. 在以下关于形状补间动画的说法中，错误的是（　　）。

A. 如果制作动画时，在属性检查器中出现了黄色警告标记 ⚠ 表示动画制作过程中出现了错误

B. 如果制作动画时，时间轴上的帧显示为虚线 ●┄┄┄┄┄┄┄● 表示动画制作过程中出现了错误

C. 如果制作动画时，时间轴上的帧显示为浅绿色背景加一个箭头 ●————● 表示形状补间动画制作成功

D. 在时间轴的同一图层上，不可能同时出现 ●┄┄┄┄┄● 和 ●————●

答案：D

解析：如果制作动画时，时间轴上的帧显示为虚线表示动画制作过程中出现了错误，时间轴上的帧显示为浅绿色背景加一个箭头则表示形状补间动画制作成功，在时间轴的同一图层上，可能出现制作成功或出现错误的形状补间动画，故答案选 D。

14. 库中有一元件 1 如图一所示，舞台有一个该元件的实例。现通过实例属性检查器将该实例的颜色和透明度改为如图二所示，此时库中的元件 1 将会发生什么变化：

图一　　　　　　　图二

A. ❀仅改变颜色　　　　　　　　B. ❀仅改变透明度

C. ❀颜色与透明度都不改变　　　　D. ❀不会发生任何改变

答案：D

解析：元件是存放在"库"中的，实例是在舞台中展现元件，一个元件在舞台上可以有很多个实例，如果修改了元件，舞台上所有这个元件的实例都会相应改变，而改变实例则不会影响元件，故答案选 D。

15. 以下关于绘图工具说法中，错误的是（　　）。

A. 使用 ╱ 工具可以绘制各种直线，包括水平或垂直的直线及 45 度的斜线段

B. 使用 ○ 工具可以绘制椭圆和圆形

C. 使用 ▢ 工具可以绘制矩形和正方形

D. 使用 ✒ 工具只能绘制具有控制节点的贝塞尔曲线，不能绘制直线

答案：D

解析：钢笔工具既可以绘制直线，也可以绘制曲线，故答案选 D。

16. 一场景中有一引导层如下图所示，在该层中绘制了一条曲线，还有受该引导层影响的图层，该图层中绘制了一条小鱼。要完成图中的使小鱼（已经转化为元件）沿着曲线运动的动画制作，下列操作正确的是（　　）。

A. 绘制引导层的曲线，只要在结束帧处将小鱼拖动到曲线一端，开始帧处自动固定在曲线另一端，然后在两帧之间设置动作补间动画。

B. 在开始帧与结束帧处将小鱼放置在适当的位置，在两帧之间设置动作补间动画，然后绘制引导层的曲线将开始帧与结束帧处的小鱼连起来。

C. 绘制引导层的曲线，只要在开始帧处将小鱼拖动到曲线一端，结束帧处自动固定在曲线另一端，然后在两帧之间设置动作补间动画。

D. 绘制引导层的曲线，在开始帧处将小鱼拖动到曲线一端，在结束帧处将小鱼拖动到曲线另一端，然后在两帧之间设置动作补间动画。

答案：D

解析：根据题意可知，需要制作一个路径动画，首先需要绘制引导层的曲线，然后在开始帧处将小鱼拖动到曲线一端，在结束帧处将小鱼拖动到曲线另一端，最后在两帧之间设置动作补间动画即可，故答案选 D。

17. 要绘制精确的直线或曲线路径，可以使用（　　）。

A. ▮　　　　　　　　　　　　　　B. ✏

C. ✒　　　　　　　　　　　　　　D. A 和 B 都正确

答案：A

解析：A 选项为钢笔工具，既可以绘制直线，又可以绘制曲线；B 选项为铅笔工具，可以绘制任意的线段；C 选项为刷子工具，用来绘制色块。故答案选 A。

18. 在"时间轴"层控制区域中，▮的作用是（　　）。

A. 新建一个文件夹　　　　　　　　B. 新建一个遮罩层

C. 新建一个图层　　　　　　　　　D. 新建一个引导层

答案：D

解析：在"时间轴"层控制区域中，此图标表示新建一个引导层，故答案选 D。

19. 工具栏中的▮表示的意思是（　　）。

A. 右边的表示以慢速蒙版模式编辑，左边的表示以快速蒙板模式编辑

B. 左边的表示以快速蒙版模式编辑，右边的表示以标准模式编辑

C. 左边的表示以标准模式编辑，右边的表示以快速蒙版模式编辑

D. 左边的表示以慢速蒙版模式编辑，右边的表示以快速蒙版模式编辑

答案：C

解析：工具栏中此图标左边的表示以标准模式编辑，右边的表示以快速蒙版模式编辑，故答案选 C。

20. 图一、图二、图三是一个"爆"字爆开的开始帧、中间帧、结束帧的动画状态，设置动画前先将这个"爆"字分割成四块分别转化成元件，下列哪一项是该动画所对应"时间轴"面板，其中图层 1 是未分割前的"爆"字（　　）。

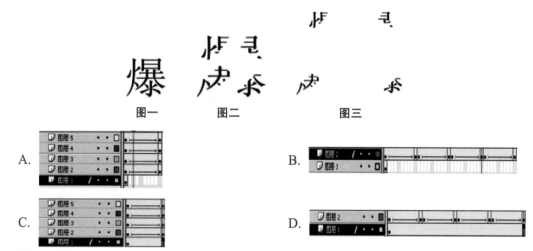

图一　　　　图二　　　　　　图三

答案：A

解析：根据题意，"爆"字爆开的过程是一个动作补间动画，且"爆"字分割成的 4 块是同时运动的，应该放在不同的图层同时开始，故排除 B、D 答案；"爆"字爆开的开始帧是一个完整的"爆"字，应该只有一帧，可排除 C 答案，故答案选 A。

21. Flash MX 中导入声音方法正确的是（　　　）。

A. "文件"→"声音"　　　　　　　　B. "文件"→"导出"

C. "导入"→"声音"　　　　　　　　D. "文件"→"导入"

答案：D

解析：Flash 中导入声音的方法是通过"文件"→"导入"命令来实现的，故答案选 D。

22. 关于显示/隐藏图层的操作，下列说法错误的是（　　　）。

A.在"时间轴"面板上，单击 列的 可以对当前图层进行显示或隐藏操作

B.在"时间轴"面板上，按住键盘上的 Ctrl 键，同时单击 列的 可以对场景中的所有图层同时进行显示或隐藏操作

C.在"时间轴"面板上，按住键盘上的 Alt 键，同时单击 列的 可以对场景中的所有图层同时进行显示或隐藏操作

D.单击"时间轴"面板上的按钮 可以显示或隐藏所有图层

答案：C

解析：在"时间轴"面板上，按住键盘上的 Alt 键，同时单击 列的 可以对场景中除了本图层外的的所有图层同时进行显示或隐藏操作，故答案选 C。

23. 以下关于帧并帧动画和渐变动画的说法正确的是（　　　）。

A. 前者必须记录各帧的完整记录，而后者不用

B. 前者不必记录各帧的完整记录，而后者必须记录完整的各帧记录

C. 两种动画模式 Flash MX 都必须记录完整的各帧信息

D. 以上说法均不对

答案：A

解析：帧并帧动画的原理是在"连续的关键帧"中分解动画动作，也就是在时间轴的每帧上逐帧绘制不同的内容，使其连续播放而成动画，它必须记录各帧的完整记录；渐变动画

的特点是只要定义动画开始和结束两个关键帧中的内容即可，不需要记录各帧的完整记录，动画中各个过渡帧中的内容由 Flash 自动生成。故答案选 A。

24. 在做渐变动画时，常需要查看对象每一帧的变化状态，如下图所示，那么，在"时间轴"面板上单击哪个按钮可以同时显示多帧内容的变化（　　）。

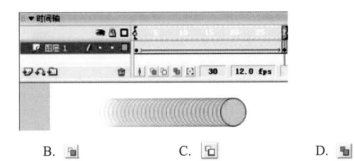

A. 　　　　B. 　　　　C. 　　　　D.

答案 B

解析：4 个选项中按钮分别表示帧居中、绘图纸外观、绘图纸外观轮廓、编辑多个帧，其中"绘图纸外观"按钮可以同时显示多帧内容的变化，启用绘图纸功能后，播放头下面的帧用全彩显示，其余的帧是暗淡的，看起来就好像每个帧都是画在一张透明的绘图纸上，而这些绘图纸相互层叠在一起。故答案选 B。

25. 已知 Flash MX 电影的时间轴如图所示，以下说法正确的是（　　）。

A. "图层 1"和"图层 2"上的动作补间动画都有可能沿着"引导线"中的运动引导线运动

B. "图层 1"和"图层 2"上的动作补间动画都不可能沿着"引导线"中的运动引导线运动

C. "图层 1"上的动作补间动画可能沿着"引导层"中的运动引导线运动，但"图层 2"中的动画不可能沿着"引导层"中的运动引导线运动

D. "图层 2"上的动作补间动画可能沿着"引导层"中的运动引导线运动，但"图层 1"中的动画不可能沿着"引导层"中的运动引导线运动

答案 B

解析：运动引导层是用来控制运动补间动画中对象移动路径的特殊图层，在运动引导层下面以缩进形式显示的就是被引导层，如果要实现多个图层按一个相同的路径运动，可以将多个需要被引动的图层以缩进的方式拖放到引导层下面，本题中图层 1 和图层 2 虽然都在引导层下方，但并未缩进，所以"图层 1"和"图层 2"上的动作补间动画都不可能沿着"引导线"中的运动引导线运动，故答案选 B。

26. 以下图形不是群组物件的是（   ）。

A.   B.   C.   D.

答案 B

解析：用户如需对多个对象同时进行相同的操作，可以考虑将这些对象组合成一个整体，四个选项中只有 B 选项的的图形不是群组物件，故答案选 B。

27. 橡皮擦工具在下列选项的哪个模式下可以擦除图 中的线条而不影响图片本身（   ）。

A.   B.   C.   D.

答案 C

解析：4 个选项中橡皮擦的模式分别为标准擦除、擦除填色、擦除线条、擦除所选填充，其中擦除线条模式下可以擦除图中的线条而不影响图片本身，故答案选 C。

28. 使用画笔工具可以绘制各种图形，下列各种画笔模式中的哪一种为"颜料选择"模式（   ）。

A.   B.   C.   D.

答案 D

解析：4 个选项中画笔工具的模式分别为颜料填充、后面绘画、内部绘画、颜料选择，故答案选 D。

29. 要改变绘制图形的大小，需使用的工具是（   ）。

A.   B.   C.   D.

答案 C

解析：A 选项为选择工具，B 选项为填充变形工具，C 选项为任意变形工具，D 选项为手型工具，要改变绘制图像的大小，需使用任意变形工具，故答案选 C。

30. 某电影中，只有一个名为"图层 1"的图层 其上放置一个由两个元件（元件 1 和元件 2）组合成的组合体，选择这个组合体按 Ctrl+B 组合键进行打散，然后右键单击，选择"分散到图层"命令，其图层变化应该是（   ）。

A.   B.

C.   D.

答案：D

解析："分散到图层"可为所选对象重新分配图层，图层 1 中的组合体被打散并执行此操作后会在该图层下方产生两个新的图层，分别放置元件 1 和元件 2，而原先图层 1 中的元件将不复存在，故答案选 D。

31. 用一绿色画笔的"颜料选择"模式涂刷图形 后的效果为（   ）。

A.   B.   C.   D.

答案：D

解析：选择"颜料选择"模式，用"选择工具"选中，再使用画笔才能在该图形上画出绿色，故答案选 D。

32. 在以下有关动作补间动画的设置说明中，错误的是（　　）。

A. 动画既可以设置为先快后慢，也可以设置为先慢后快

B. 设置动画的加速或减速时，数值的绝对值越小，表示加速或减速的效果越明显

C. 可以设定动画的旋转的次数

D. 动画既可以设置为顺时针旋转，也可以设置为逆时针旋转

答案：B

解析：Flash 中"缓动"的数值可以是−100 到正 100 之间的任意整数，代表运动元件的加速度。"缓动"是负数，则元件作加速运动，"缓动"是正数，则元件作减速运动，如果"缓动"是 0，则元件匀速运动。故答案选 B。

33. 下列选项中不能直接用于创建动作补间动画的对象是（　　）。

A. 文字

B. 用 Flash MX 绘图工具绘制的图形

C. 群组体

D. 元件实例

答案：B

解析：动作补间动画的对象不能是矢量图形，故答案选 B。

34. 形状渐变提示点的颜色有 ●、●、● 三种颜色状态，已知在由"1"到"2"的形状渐变动画上加了两个提示点并调整好它们的相应位置，"1"为开始帧，"2"为结束帧，那么它们应该显示为（　　）。

A. 1 和 2　　　　　　　　　B. 1 和 2

C. 1 和 2　　　　　　　　　D. 1 和 2

答案：B

解析：红色提示点代表初始位置已确定，但是形状变化的终结位置还没有确定，所以是红色的；黄色提示点代表初始位置已确定，终结位置也确定，一般来说红色、黄色都由形状变化的第一关键帧产生；绿色形状提示点代表形状变化提示点设置成功，并且确定了与第一关键帧相对应的终结位置。在这道题里，首先可以排除 A、C，原因是"2"的终结关键帧提示点肯定是绿色的。B、D 中，由于形状提示点设置成功的前提下，红色提示点必然变为黄色，故答案选 B。

35. 已知一个场景中包含遮罩层和图三中风景的图层，遮罩层的开始帧和结束帧的变形状态如图一、图二。选项中，哪个时间轴上的图层设置可以产生图四中开始帧、三个中间帧、结束帧的遮罩动画效果（　　）。

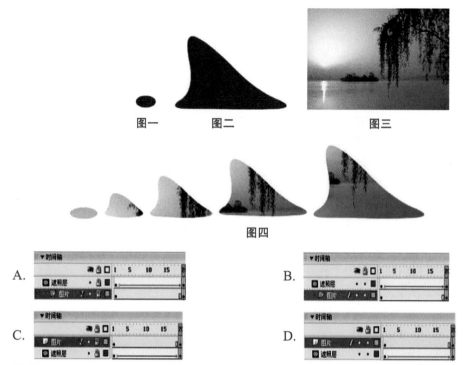

图一　　　图二　　　　　　　　图三

图四

A.

B.

C.

D.

答案：A

解析：遮罩动画是 Flash 中一个很重要的动画类型，很多效果丰富的动画都是通过遮罩动画来完成的。在 Flash 图层中有一个遮罩图层类型，为了得到特殊的显示效果，可以在遮罩层上创建一个任意形状的"视窗"，遮罩层下方的对象可以通过该"视窗"显示出来，而"视窗"之外的对象将不会显示。在将普通层转变为遮罩图层的时候，遮罩层和被遮罩层会自动锁定，并且遮罩"视窗"之外的图像将不显示，如果要对遮罩层和被遮罩层进行编辑，把他们开锁即可。本题中遮罩层是一个形状补间动画，应位于图片层的上方，且遮罩层和被遮罩层会自动锁定，故答案选 A。